Eduardo David

Maglev Metropolitano

Mobilidade Inovadora com a Levitação Magnética

1ª Edição
2018

© Eduardo Gonçalves David, 2018
Proibida a reprodução por qualquer meio sem a prévia autorização do autor.

eduardogdavid@gmail.com

CIP BRASIL – CATALOGAÇÃO NA FONTE
SINDICATO NACIONAL DOS EDITORES DE LIVROS RJ

D272m
David, Eduardo Gonçalves, 1947-
Maglev Metropolitano – 1ª. Edição.
    1. Ferrovia – Brasil – Técnica
    2. Engenharia – Brasil - Tecnologia

Para:
Maria Goreth
esposa e parceira,
minha *personal psychologist*.

Índice

Introdução, Motivação pela Levitação Magnética, 5
Capítulo 1, Princípios do Magnetismo, 7
Capítulo 2, Levitação Magnética no Transporte, 15
Capítulo 3, A Mobilidade na Cidade do Futuro, 21
Capítulo 4, A Engenharia Civil em Projetos de Mobilidade, 28
Capítulo 5, Outros Custos de Implantação, 45
Capítulo 6, Importante para o Futuro é o Custo Operacional, 53
Capítulo 7, Avaliação Econômica Metroferroviário vs. Maglev, 74
Capítulo 8, O Exemplo da China para o Brasil, 79
Capítulo 9, Conclusões, 87
Referências Bibliográficas, 90
Breve Currículo do Autor, 91
Outros Livros do Autor, 92

Introdução
Motivação pela Levitação Magnética

BRASIL

Cidade	População	US$ ônibus	Sal.Min
Brasília	3,0 milhões	1,11	0,33%
Salvador	2,9 milhões	1,14	0,34%
B.Horizonte	2,5 milhões	1,29	0,39%
Teresina	847 mil	1,05	0,32%
Florianópolis	478 mil	1,24	0,37%
Vitória	360 mil	1,02	0,31%
			Média 0,34%

EUROPA

Cidade	População	US$ ônibus	Sal.Min
Madrid	3,2 milhões	1,79	0,17%
Atenas	3,0 milhões	1,67	0,20%
Paris	2,1 milhões	2,25	0,17%
Valencia	814 mil	1,79	0,17%
Lisboa	499 mil	1,73	0,21%
Nice	342 mil	1,19	0,09%
			Média 0,17%

Brasileiro paga o dobro

Fig. 0.1 – Relação do preço unitário da passagem rodoviária urbana com o salário-mínimo de cada cidade brasileira e europeia

Seis capitais brasileiras e seis cidades na Europa, de população equivalente. A comparação do preço da passagem do ônibus urbano convertida de dólares americanos (US$), que será a unidade monetária utilizada neste livro, com o salário-mínimo vigente no Brasil e em cada país europeu, mostra que, na média, o brasileiro gasta 0,34% de seu salário mensal enquanto o europeu gasta 0,17% em cada bilhete. Deveria ser o contrário, pois o Brasil é mais pobre.

     Soluções para igualar: dobrar o salário-mínimo ou reduzir à metade o preço das passagens dos ônibus; porém, dobrar o salário depende da evolução econômica do país; reduzir à metade a tarifa é preciso combinar com os empresários, porque o transporte urbano sobre pneus no Brasil é operado pela iniciativa privada. Mais fácil é reduzir o preço do transporte público. Como? Através de tecnologia de menor custo operacional.

     O objetivo deste livro é demonstrar esta possibilidade, através da adoção da levitação eletromagnética, uma metodologia capaz de permitir que cidades acima de 300 mil habitantes possam dispor de um metrô subterrâneo, hoje uma alternativa no Brasil disponível apenas em São Paulo, Rio de Janeiro, Brasília e Salvador.

     No Brasil, de acordo com a metodologia do IBGE mundialmente aceita, o índice de urbanização é superior a 85%, pressionando os sistemas de transporte, principalmente nos 90 municípios acima de 300 mil habitantes, onde reside 40% da população brasileira. Mas, 300 mil por quê?

Admitindo **1,2** como *Índice de Mobilidade Motorizada* (relação entre a quantidade de viagens motorizadas realizadas e número de habitantes de uma região) e assumindo de forma simplificada, que um bom sistema de transporte público (econômico e rápido) pode captar 50% da demanda, resulta: 300.000 x 1,2 x 50% = 130.000 passageiros diários; cifra do transporte médio diário do metrô de Brasília.

É claro que esta "demanda potencial" tem baixíssimo fundamento técnico. Porém, estudos de demanda caros e estatisticamente sofisticados, com base em pesquisa de Origem e Destino, realizados por entidades de reconhecido padrão profissional, se revelam irreais depois da obra inaugurada, parecendo dar razão ao comentário do Henry Ford, de que se fosse perguntado às pessoas sobre melhorias no transporte, gostariam é de ter um cavalo mais forte e veloz para suas charretes, porque o automóvel de uso comum ainda não existia. Com o mesmo raciocínio, Steve Jobs da *Apple* desprezava os estudos de demanda, porque as pessoas não conseguem desejar um objeto que ainda não foi desenvolvido e fabricado.

Como mais de 85% do transporte público no Brasil é realizado por ônibus [ANTP, 2015], os congestionamentos nas cidades acima de 300 mil habitantes reduzem a velocidade de circulação do transporte público, estimulando sua troca pelo individual e a consequente redução da demanda e aumento dos custos, sacrificando a camada economicamente menos favorecida da população. O custo operacional é inversamente proporcional à *Taxa de Ocupação* (relação entre a quantidade de passageiros transportados e a lotação máxima).

A adoção de corredores de ônibus, onde operam os BRT (*Bus Rapid Transit*), não resolve o problema, pois a melhoria é pequena sobre uma velocidade média baixa. Em São Paulo, de acordo com estudo do Instituto de Energia e Meio Ambiente, os corredores de ônibus melhoraram a velocidade média em 11%; passando de 12 km/h para 13,2 km/h [IEMA, 2016]. Logo, o BRT é uma solução barata, mas não tem nada de *Rapid*. E é a **rapidez** o principal motivador da escolha modal pela população em todas as regiões brasileiras, como demonstrou estudo do Instituto de Pesquisa Econômica Aplicada [IPEA, 2011].

O Veículo Leve sobre Trilho (VLT), que surge como uma alternativa mais eficiente do que o transporte sobre pneus, por ser também de superfície e compartilhar as vias públicas com os demais sistemas, tampouco resolve o problema da rapidez nos deslocamentos. Portanto, o sonho de um sistema guiado e isolado, capaz de atingir 100 km/h parece distante, para a maioria das cidades, porque o metrô é considerado caro e os monotrilhos sobre pneus em vias elevadas, recebem críticas por serem invasivos, terem custo e prazo de implantação equivalente ao de um metrô subterrâneo e um custo operacional maior; não atendendo ao desejo de melhorar a mobilidade urbana.

Para reduzir o custo e aumentar a qualidade, a solução é pedir socorro ao avanço tecnológico; pedir socorro à levitação magnética.

Capítulo 1
Princípios do Magnetismo

Este capítulo introdutório dos princípios que regem o magnetismo, um fenômeno que encantou o ser humano e foi registrado pelos primeiros filósofos, como Thales, de Mileto, tem uma profunda base matemática. Pode ser saltado pelo leitor desinteressado, sem grande prejuízo para os objetivos do livro. Todavia é importante para o técnico que queira se aprofundar neste fenômeno físico maravilhoso e que está por trás de toda tecnologia desenvolvida nos últimos duzentos anos.

1.1 - Leis do Eletromagnetismo

Fig. 1.1 – *Fac simile* do livro De Magnete

Em 1600 o médico e cientista inglês William Gilbert (1544-1603), publicou em latim as conclusões de suas pesquisas com ímãs, bússolas e materiais ferromagnéticos e diamagnéticos, obra considerada a pioneira no estudo do magnetismo. Concluiu que a terra se comporta como um grande ímã, explicando o funcionamento das bússolas, sendo o Polo Norte o Sul Magnético e o Polo Sul o Norte Magnético.

Pouco mais de dois séculos depois, em 1803 o químico e físico dinamarquês Hans Christian Orsted (1777-1851) descobre a relação física entre a eletricidade e o magnetismo, ao observar que a agulha de uma bússola se desviava quando circulava corrente elétrica em um condutor próximo.

André-Marie Ampère (1775-1836), um matemático e físico francês em 1827 formulou a teoria do eletromagnetismo, inventando o primeiro telégrafo elétrico e o eletroímã. Em sua homenagem a unidade de corrente elétrica recebe o nome de *ampére*.

Em 1830 o cientista inglês Michael Faraday (1791-1867) e o físico norte-americano Joseph Henry (1797-1878) independentes e de forma quase simultânea, baseados nos estudos de Orsted descobrem os princípios da indução magnética. Em 1835 Henry construiu um telégrafo capaz de alcançar grandes distâncias, ajudando Samuel Morse, com apoio financeiro do Congresso dos Estados Unidos, a pôr em prática sua descoberta.

Finalmente o matemático escocês James Clerk Maxwell (1831-1879), com a estreita contribuição do físico prático Faraday unificou o magnetismo e a eletricidade, como manifestação diferente de um mesmo fenômeno. As conhecidas como *Equações de Maxwell* formuladas para o eletromagnetismo são consideradas a segunda grande unificação da Física, sendo a primeira a realizada pelo inglês Isaac Newton (1643-1727).

Uma dificuldade para o estudo do magnetismo é a necessária utilização dos conceitos matemáticos do cálculo infinitesimal, pois apenas a álgebra se mostra insuficiente para representar os fenômenos físicos. Apesar de uma técnica matemática do século 17, desenvolvida de forma independente e paralela por Isaac Newton e pelo alemão Gottfried Leibniz (1646-1716), seu estudo ainda é restrito, por ser considerada difícil, sendo o engenheiro, o físico e o economista matemático os seus principais usuários. Por esta razão muitas fórmulas do magnetismo têm uma simbologia enigmática para quem não conhece *Cálculo,* como no caso do operador gradiente, representado pela letra grega nabla, que é a letra delta (Δ) invertida, que aparece nas fórmulas listadas. Aprofundar nos conceitos matemáticos, seria outro livro e se distanciaria dos objetivos modestos do presente. Porém, não desconsiderar a formulação conceitual que pode ser importante até como estímulo para o leitor interessado em aprofundar nos aspectos físicos da levitação magnética. Portanto, se o leitor tiver dificuldade em compreender o significado das equações, deve desconsiderá-las no prosseguimento da leitura, mas ter consciência da fundamentação matemática existente.

Nos problemas de eletromagnetismo a quantidade física de carga elétrica Q é medida em coulomb (C); a corrente I em ampere (A); diferença de potencial V em volt (V) e o fluxo magnético Φ em weber (W). Nas descrições físicas dos materiais usa-se a densidade q em coulomb por metro quadrado (C/m^2); densidade de corrente J em ampere por metro quadrado (A/m^2) e densidade de magnetização M em ampere por metro (A/m).

Outras importantes variáveis auxiliares são grafadas como E, B, D e H usadas nas equações de Maxwell na forma diferencial ou balanceada:

Lei da Conservação da Carga – não há destruição nem criação de carga elétrica e durante todo o processo eletromagnético a carga total de um sistema isolado se conserva. Análogo à lei da conservação da energia.

$$\nabla \cdot \mathbf{J} + \frac{\partial q}{\partial t} = 0 \qquad \int_S \mathbf{J} \cdot d\mathbf{a} = -\frac{\partial}{\partial t}\int_\mathscr{V} q\, dv$$

Lei da Conservação do Fluxo ou Lei de Lenz – afirma que as tensões (ou voltagens) aplicadas a um condutor gera uma força eletromotriz (FEM) que se opõe à passagem da corrente que a produz. Foi formulada em 1834 pelo físico alemão Heinrich Lenz (1804-1865). Está também associada à lei da conservação da energia, sendo o princípio físico dos trens de levitação eletrodinâmica, que conseguem uma altura superior à eletromagnética.

$$\nabla \cdot \mathbf{B} = 0 \qquad \int_S \mathbf{B} \cdot d\mathbf{a} = 0$$

Lei de Gauss – expressa a inexistência de cargas magnéticas, ou monopolos magnéticos e que as distribuições de fontes magnéticas sempre são neutras, no sentido de que possuem um polo norte e um polo sul, pelo qual o fluxo através de qualquer superfície fechada é nulo. Explica a experiência da *Gaiola de Faraday* eletrificada, onde uma pessoa no seu interior não recebe carga elétrica alguma. Formulada pelo matemático e físico alemão Karl Friedrich Gauss (1777-1855).

$$\nabla \cdot \mathbf{D} = q \qquad \int_S \mathbf{D} \cdot d\mathbf{a} = \int_\mathscr{V} q\, dv$$

Lei de Ampère – explica que a intensidade de um campo magnético em um circuito fechado é proporcional à corrente que o percorre, que diminui inversamente com a distância ao condutor e que tem a forma circular, cuja direção é tangencial ao círculo que encerra a corrente.

$$\nabla \times \mathbf{H} = \mathbf{J} + \frac{\partial \mathbf{D}}{\partial t} \qquad \oint_c \mathbf{H} \cdot d\mathbf{l} = \int_S \mathbf{J} \cdot d\mathbf{a} + \frac{\partial}{\partial t}\int_S \mathbf{D} \cdot d\mathbf{a}$$

Lei de Faraday – ou lei da indução eletromagnética, estabelece que a voltagem induzida em um circuito fechado é diretamente proporcional à rapidez com que muda no tempo o fluxo magnético que atravessa uma superfície qualquer. Justifica o experimento de Faraday, um físico prático, ilustrado pela figura, onde uma bateria à direita fornece corrente elétrica que flui através de uma pequena espira (A), criando um campo magnético, que ao se mover dentro ou fora da espira grande (B), muda o campo magnético e gera uma corrente que é captada pelo aparelho (G), o galvanômetro. A partir deste descobrimento fabricaram-se dínamos e motores elétricos.

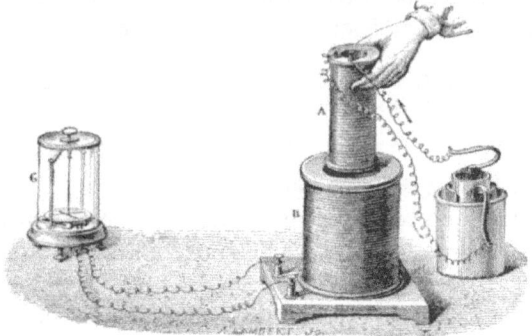

Fig. 1.2 – Experimento de Faraday de 1831

$$\nabla \times \mathbf{E} + \frac{\partial \mathbf{B}}{\partial t} = 0 \qquad \oint_c \mathbf{E} \cdot d\mathbf{l} = -\frac{\partial}{\partial t} \int_S \mathbf{B} \cdot d\mathbf{a}$$

1.2 - Forças Magnéticas

Embora pólis magnéticos isolados não sejam encontrados na natureza, ou seja, é impossível dividir um ímã em duas partes, metade norte e metade sul, os pólis magnéticos são uma construção matemática útil. As forças entre polos magnéticos é semelhante à força entre cargas elétricas; isto é, proporcional ao produto das cargas e inversamente proporcional ao quadrado da distância entre elas. Semelhante também à lei da gravitação planetária de Newton, da atração entre os corpos ser proporcional às massas e inversamente ao quadrado da distância entre eles.

Adotando P_1 e P_2 os pólis magnéticos e r a distância entre eles, a força magnética se expressa:

$$F_{12} = \frac{P_1 P_2}{r^2}$$

Logo surgiu a ideia de levitadores. Porém, o matemático e físico Samuel Earnshaw (1805-1888), provavelmente depois de muitas tentativas frustradas, em 1842 fez uma proposição, baseada nas equações de Laplace (1749-1827) que ficou conhecida como *Teorema de Earnshaw* "uma partícula carregada no campo de um conjunto fixo de cargas não pode permanecer em equilíbrio estável".

A força F que se deriva de um potencial U, serão sempre divergentes, por não terem um mínimo ou máximo local

$$\nabla \cdot \mathbf{F} = \nabla \cdot (-\nabla U) = -\nabla^2 U = 0.$$

Em outras palavras, a levitação magnética era impossível. Mas, ela existe; portanto é possível. Como?

Muito comum em trabalhos acadêmicos e de graduação em física ou engenharia elétrica é a construção de dispositivos que mantém uma esfera em equilíbrio no ar, que é a base da levitação eletromagnética, razão pela qual vale a pena aprofundar na sua fundamentação matemática.

O dispositivo consiste em um eletroímã que atraí uma esfera de aço, vencendo a força da gravidade aplicada sobre a sua massa (peso). Porém, quando a esfera se aproxima demasiadamente, o eletroímã perde a intensidade, então a esfera caí, para logo o eletroímã aumentar sua atuação, mantendo-a em equilíbrio. É necessário, portanto, um controlador de posição, que pode ser ótico, trabalhando com sombra, ou ultrassônico, que ficou muito acessível pois é usado para controlar a distância entre obstáculos usados nos carros mais modernos com detecção de marcha a ré.

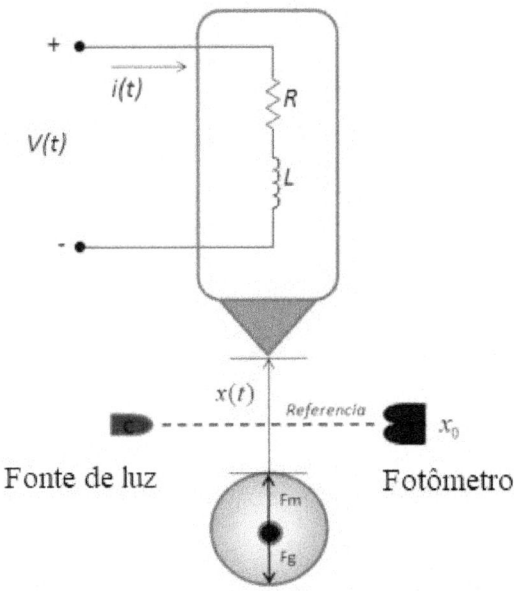

Fig. 1.3 – Esquema do Levitador de Esfera

As equações diferenciais que descrevem o comportamento do sistema são representadas fazendo uso da lei da voltagem de Kirchhoff (1824-1887) e da segunda Lei de Newton:

$$L\frac{di(t)}{dt} = v(t) - i(t)R$$

$$m\frac{d^2x(t)}{dt^2} = mg - u(t) = mg - \frac{ci^2}{x(t)}.$$

$i(t)$ é a corrente do circuito; $x(t)$ é o deslocamento da esfera medido desde o eletroímã; u(t) é a entrada do sistema; L é a indutância do eletroímã; m a massa da esfera, g a aceleração gravitacional e c uma constante conhecida.

Assume-se que força eletromagnética *u(t)* de atração que exerce o eletroímã sobre a esfera é inversamente proporcional à distância *x(t)* e diretamente proporcional ao quadrado da corrente *i(t)*. A saída se obtém do fotômetro, que avalia a sombra feita pela esfera metálica suspensa no ar: mais sombra, mais próxima do eletroímã; mais luminosidade, muito afastada.

O sistema pode ser representado em variáveis de estado físicas:

$$x_1 = x(t); x_2 = \dot{x}(t); x_3 = i(t),$$

$$\begin{aligned}
\dot{x}_1 &= x_2 \\
\dot{x}_2 &= g - \frac{c}{m}\frac{(x_3)^2}{x_1} \\
\dot{x}_3 &= -\frac{R}{L}x_3 + \frac{1}{L}u \\
y &= x_1
\end{aligned}$$

Os pontos de equilíbrio são:

$$x_1^* = x; x_2^* = 0; x_3^* = \sqrt{\frac{gmx_0}{c}}; u^* = R\sqrt{\frac{gmx_0}{c}}$$

Usando o teorema da expansão em série de Taylor (1685-1731), o sistema linearizado ao redor do ponto de equilíbrio pode ser representado por:

$$\begin{aligned}
f(x,u) &= f(x,u)|_{x=x^*,u=u^*} + \frac{\partial f(x,u)}{\partial x}|_{x=x^*,u=u^*}(x-x^*) + \frac{\partial f(x,u)}{\partial u}|_{x=x^*,u=u^*}(u-u^*) + ... + T.O.S. \\
h(x) &= h(x)|_{x=x^*} + \frac{\partial h(x)}{\partial x}|_{x=x^*}(x-x^*) + ... + T.O.S.
\end{aligned}$$

onde T.O.S. significa término de ordem superior.

Como se nota, é um sistema de terceira ordem, com o qual as matrizes constantes A, B e C estão dadas por:

$$A = \frac{\partial f(x,u)}{\partial x}|_{x^*,u^*}; \quad B = \frac{\partial f(x,u)}{\partial u}|_{x^*,u^*}; \quad C = \frac{\partial h(x)}{\partial x}|_{x^*}$$

Que pode ser desenvolvido como:

$$\begin{aligned}
\dot{x}_{1\delta} &= x_{2\delta} \\
\dot{x}_{2\delta} &= \frac{g}{x_0} x_{1\delta} - 2\sqrt{\frac{cg}{mx_0}} x_{3\delta} \\
\dot{x}_{3\delta} &= -\frac{R}{L} x_{3\delta} + \frac{1}{L} \hat{u}_\delta \\
y_\delta &= x_{1\delta}
\end{aligned}$$

A função de transferência associada ao sistema está dada por:

$$G(s) = \frac{y_\delta(s)}{\hat{u}_\delta(s)} = -\frac{\frac{2}{L}\sqrt{\frac{cg}{mx_0}}}{(s^2 - \frac{g}{x_0})(s + \frac{R}{L})}$$

com os seguintes valores próprios do sistema:

$$s_1 = -\frac{R}{L}; \quad s_2 = \sqrt{\frac{g}{x_0}}; \quad s_3 = -\sqrt{\frac{g}{x_0}}$$

Portanto se conclui que o sistema não é linear, mas é estável. Precisa, todavia, ser controlável no tempo.

Se diz que um sistema é controlável no tempo t_0 se for possível transferir desde qualquer estado inicial $x(t_0)$ a qualquer outro estado, mediante um vetor de controle sem restrições em um intervalo de tempo finito.

Dado que o sistema de dimensões n com equações de estado:

$$\dot{x}(t) = Ax(t) + Bu(t)$$

é controlável se, e somente se, a matriz de controlabilidade Q, definida pela seguinte forma:

$$\mathbf{Q} = [A|AB|A^2B|\cdots|A^{n-1}B]$$

é da faixa máxima, ou seja, n.

Diz-se então que sistema descrito é de estado controlável em $t = t_0$, se é possível construir um sinal de controle sem restrições que transfira de um estado inicial a qualquer estado final em um intervalo de tempo finito $t_0 \leq t \leq t_1$. Se todos os estados são controláveis, se diz que o sistema é de estado completamente controlável. Portanto, sua matriz de controlabilidade é:

$$Q = [A|AB|A^2B] = \begin{bmatrix} 0 & 0 & -\frac{2}{L}\sqrt{\frac{cg}{mx_0}} \\ 0 & -\frac{2}{L}\sqrt{\frac{cg}{mx_0}} & \frac{2R}{L^2}\sqrt{\frac{cg}{mx_0}} \\ \frac{1}{L} & -\frac{R}{L^2} & \frac{R^2}{L^3} \end{bmatrix} ; det\{Q\} = -\frac{4}{L^3}\frac{cg}{mx_0} \neq 0$$

A faixa de Q é 3 e não singular. Portanto, o sistema é de estado completamente controlável pela entrada $\hat{u}_\delta$.

Além desta base matemática, a construção deste sistema de levitação simples e de caráter didático exige programas de controles especiais e um computador dedicado. É, entretanto, fundamental para o técnico que deseja conhecer toda a base física por trás da levitação magnética.

Earnshaw, em meados do século XIX seria incapaz de imaginar que seu famoso teorema sobre a impossibilidade de manter em equilíbrio estável ímãs permanentes, qualquer que fosse a configuração, seria contrariado. No século XXI pode ser o da levitação magnética, porque a evolução técnica permite variar o fluxo magnético e ao fazer interações milhares de vezes por segundo, controlar sua instabilidade. E os trens de levitação magnética são uma prova disto.

Para viabilizar a levitação magnética competitiva, além da eletrônica, foi necessário aparecer em 1982 os ímãs de neodímio; uma mistura de neodímio, ferro e boro, com fórmula empírica dada por $Nd_2Fe_{14}B$, chamado de super ímã.

Outra contribuição importante foi quando o físico alemão Karl Halbach (1925-2000) utilizou uma disposição de ímãs especial num acelerador de partículas, que ficou conhecida como *Matriz de Halbach*, que aumenta a intensidade do campo magnético em um lado da matriz ao mesmo tempo que reduz do lado oposto. De forma independente e na mesma época (1973), o conservacionista inglês Jeremy Mallinson publicou este arranjo como uma curiosidade magnética, sem a aplicação prática que lhe deu Halbach, razão pela qual o arranjo leva o seu nome. É uma técnica fundamental na levitação eleteromagnética, capaz de reduzir a energia aplicada nas bobinas que formam os eletroímãs.

A levitação magnética neste século XXI começa a se desenvolver, sendo capitaneada pela China. O Brasil tem uma grande oportunidade de acompanhar em conjunto este desenvolvimento, basta querer.

Capítulo 2
Levitação Magnética no Transporte

Usar a força de oposição de ímãs permanentes de mesma polaridade para desenvolver um sistema de transporte sem atrito sempre foi o sonho inalcançável de pesquisadores no século XIX. No entanto, em meados do século XX, isto se tornou possível através de três técnicas: a levitação supercondutora pode ser considerada a tecnologia de ponta e, por incrível que possa parecer, está muito madura no Brasil, através do protótipo do Maglev-Cobra, sistema em teste na Universidade Federal do Rio de Janeiro (UFRJ), quando o autor teve uma participação inicial importante; a tecnologia intermediária é a eletrodinâmica, que permite uma altura de levitação superior a 50 mm e está muito avançada no Japão, com seu trem capaz de superar 600 km/h e, finalmente, a eletromagnética, que começa de forma profissional com o Transrapid na Alemanha e prossegue firme na China.

2.1 – Levitação Supercondutora

A supercondutividade foi descoberta em 1911 pelo professor e físico holandês Heike Onnes (1853-1926), ganhador do prêmio Nobel de Física em 1913, quando observou que o mercúrio, refrigerado com hélio líquido (4,2° K ou -269°C) apresentava resistência nula à corrente elétrica.

Em 1933 os físicos alemães Walter Meissner (1882-1974) e Robert Ochsenfeld (1901-1993) descobriram que o campo magnético se anulava completamente no interior de amostras de chumbo resfriadas abaixo da temperatura crítica, ou seja, aquela onde não apresentavam resistência à passagem de corrente elétrica, tornando-se supercondutora como descobrira Onnes. Este fenômeno ganhou a denominação de *Efeito Meissner* e também, mas pouco conhecido, como *Efeito Meissner-Ochsenfeld*.

Até 1986 a exclusão do campo magnético em material supercondutor era uma curiosidade física, até que o alemão George Bednorz (1950) e suíço Alex Muller (1927) descobriram compostos de cerâmicas que se revelaram supercondutoras a alta temperatura crítica (92°K ou -181°C), no caso uma pastilha de YBCO ($Yba_2Cu_3O_{7-x}$). Como a temperatura do nitrogênio líquido, um subproduto barato da fabricação do oxigênio líquido industrial, é de 77°K (-196,15°C) ficava muito mais fácil resfriar esta cerâmica para obter a supercondutividade e o Efeito Meissner, antes necessário chegar próximo do zero absoluto, no ponto de ebulição do hélio (4,2°K). Esta descoberta deu aos dois o prêmio Nobel de Física de 1987, o mais rápido já concedido após uma descoberta, tal o entusiasmo da comunidade científica com os novos supercondutores de elevada temperatura crítica.

Na sequência, desenvolveu-se os chamados supercondutores do *Tipo 2*, que consiste na inserção de cristais de outros materiais nos blocos YBCO, que se comportam como impurezas, evitando o diamagnetismo (exclusão do campo magnético), permitindo a passagem de linhas de forças através desses cristais. É o chamado "efeito pinning", permitindo que o supercondutor resfriado fique preso nas linhas de força.

É uma experiência fácil de realizar, basta resfriar um bloco YBCO do Tipo 2 com nitrogênio líquido na presença de um campo magnético, com um separador físico qualquer (plástico, madeira etc) entre o supercondutor e o ímã. Quando o conjunto entra em equilíbrio com o nitrogênio líquido, remove-se o separador e a pastilha ou o ímã ficam levitando no ar e ao mesmo tempo presos um ao outro, sem necessidade de controle eletrônico algum, como é o caso da experiência com a esfera levitando, citada no capítulo anterior.

Como o custo do nitrogênio líquido é muito baixo, sendo considerado um rejeito, pois o ar que respiramos é composto 79% de nitrogênio, 19% oxigênio e 2% de outros gases e o processo mais comum de obtenção do oxigênio líquido usado na indústria e em hospitais, consiste na refrigeração deste ar, obtendo-se primeiramente o nitrogênio. O mercado é ofertante e o litro de nitrogênio em grande escala é inferior a um dólar americano.

Várias instituições no mundo inteiro se interessaram pelo fenômeno, inclusive a UFRJ, desde 1987, com a criação do LASUP – Laboratório de Aplicação de Supercondutores, no Departamento de Engenharia Elétrica. Depois de construído um protótipo em pequena escala, para o ano 2000, quando do evento bisanual Maglev's 2000 no Rio de Janeiro, foi possível recursos para uma linha em escala real, com cerca de 180 m, que ficou concluído para a esta 2ª conferência internacional na cidade, o Maglev's 2014.

Como titular da primeira patente do Maglev-Cobra e do conceito da multiarticulação, no período em que esteve como responsável técnico do projeto junto ao CREA-RJ o autor tem orgulho da participação neste projeto, coordenado pelo prof. Richard Stephan. O Maglev-Cobra da UFRJ não teve o apoio necessário para o seu pleno desenvolvimento.

Fig. 2.1 – Conceito e Realização do Maglev-Cobra da UFRJ (autor, 2009)

2.2 – Levitação Eletrodinâmica

A levitação eletrodinâmica está baseada na Lei de Lenz, do russo Heinrich Lenz (1804-1865): "o sentido das correntes e a força eletromotriz induzida é tal que se opõe sempre à causa que a produz, ou seja, à variação do fluxo".

Se um ímã fizer um movimento relativo a uma lâmina condutora, correntes elétricas serão induzidas no condutor, que geram outro campo magnético, que se irá se opor ao ímã, gerando uma força repulsiva, que aumenta com a velocidade.

A vantagem desta tecnologia é ter "gap", distância de levitações maiores do que a levitação eletromagnética, superiores a 50 mm. Porém um trem desta tecnologia necessita de rodas para operar na baixa velocidade e um sistema complexo de estabilidade lateral. É a aposta que o Japão faz no Maglev de Alta Velocidade, justificando ser o país sujeito a tremores de terra que tornam insegura a levitação a curta distância, como 10 mm da eletromagnética.

O JR Maglev *(Japan Railway Maglev)* conta desde 1997, para demonstração e testes, com uma linha dupla, de início com 18,4 km e, posteriormente, estendida para 42,8 km, em Yamanashi, entre Tóquio e Osaka. O veículo atingiu, em abril de 2015, a velocidade de 603 km/h – recorde mundial.

O Japão planeja prolongar essa linha – que, por enquanto, não opera comercialmente –, para substituir o Shinkansen (sistema com rodas e trilhos), que liga essas duas cidades. Isso será feito em duas etapas: Tóquio Nagoia, em 2027 e Nagoia-Osaka, em 2045.

2.3 – Levitação Eletromagnética

Das três tecnologias de levitação magnética é a mais madura. A história começa em 1922, quando o engenheiro alemão Hermann Kemper inicia os estudos que levaram à obtenção de uma patente em 1934 para "um trem deslizante com veículos sem rodas, conduzidos através de campos magnéticos sobre trilhos de ferro".

A Segunda Guerra Mundial atrasou seu projeto por 35 anos, pois foi quando o governo alemão financiou o primeiro modelo em escala real do Transrapid 01. Durante a próxima década a tecnologia evoluiu até o Transrapid 06, um modelo de demonstração para a Feira Internacional de Transporte de Hamburgo de 1979, como marca do que seria os anos 80. Mais de 50 mil visitantes tiveram a oportunidade de experimentar o veículo durante os seis meses em que esteve exposto na feira.

A técnica de levitação eletromagnética consiste em uma superfície ferromagnética sob a aba e nas laterais de uma viga do tipo *T*, geralmente de concreto armado ou protendido. Suportes no veículo em forma de braço, onde localizam-se eletroímãs são atraídos para a superfície ferromagnética, tendo a aproximação controlada por sensores óticos que posicionam o trem a 10 mm de distância (vertical e horizontalmente), energizando os eletroímãs. Como estes suportes abraçam a viga T, o trem é largo (3,70 m) e transmite mais segurança do que o simples friso de uma roda ferroviária sobre o trilho, sendo impossível um descarrilamento na levitação magnética.

Fig. 2.2 – Ascensão e queda do *Transrapid*

O Transrapid ficou como uma promessa durante vários anos, até que em 1998 o Primeiro-Ministro chinês Wen Jibao visitando a Alemanha se encantou com a tecnologia do Maglev, determinando que em seu país fosse implantada a primeira linha comercial do Transrapid. Seria uma linha curta, experimental, interligando o aeroporto de Pundong a um Centro Comercial em Xangai, a cidade mais populosa da China.

Com 30 km de extensão, as obras tiveram início em 2001 e o trem foi inaugurado em 31 de dezembro de 2002, em regime de "turn key", com transferência de tecnologia. Portanto, não foram os alemães que venderam o

Transrapid, coisa que, aliás, nunca conseguiram fazer em nenhum lugar do mundo, mas os chineses que decidiram comprar, investindo o equivalente a US$ 1 bilhão.

O fato de não oferecer resistência ao rolamento, coletar a energia elétrica necessária para levitar e para o interior do trem por indução, ao invés de usar pantógrafos e ser tracionado por um motor linear localizado na linha e não no trem, dá-lhe um ótimo desempenho energético. Comparado com um Trem de Alta Velocidade convencional (roda-trilho) a 300 km/h o consumo de energia por passageiro-km (pkm) é de 34 Watt-hora, inferior 30% aos 51 Wh do ICE, fabricado pela Siemens, que é a empresa controladora da Transrapid, com a Thyssen-Krupp, importante indústria siderúrgica fabricante dos trilhos e outros componentes ferroviários. A energia consumida para levitar e posicionar o Transrapid é de 1,7 kW (cerca de 2HP) por tonelada, sendo a mesma na alta e baixa velocidade.

Como não depende de atrito para acelerar ou frenar, o Transrapid precisa de 5,2 km para atingir a velocidade de 450 km/h, enquanto o ICE para atingir sua velocidade máxima de 350 km/h exige 30 km, o que inviabiliza operar neste nível entre duas estações afastadas menos de 60 km.

Apesar das vantagens tecnológicas, no seu próprio país o Transrapid não logrou êxito comercial. Em 2006 por uma falha humana no Centro de Controle na pista de teste em Emsland, o trem chocou-se à velocidade máxima sobre um veículo de manutenção com empregados a bordo. 23 pessoas morreram no acidente o dois funcionários foram julgados, considerados culpados e detidos. Embora o acidente nada tenha a ver com a levitação magnética, o dano à imagem foi irreparável.

Em 2008 surgiu uma nova chance, com uma nova interligação ferroviária entre o centro da cidade e o aeroporto de Munique. Um protótipo do novo Transrapid 09 foi montado e ficou em demonstração. Porém, o governo decidiu por um trem ICE convencional, fornecido pela própria Siemens.

Antes de completar 10 anos do acidente, em 2016 a linha de teste foi desativada e os equipamentos vendidos como sucata. Um bisneto do inventor, fabricante de embutidos, arrematou a última versão, o Transrapid 09 empoeirado disposto a construir um museu particular. Um triste fim para o que era considerada a joia da tecnologia ferroviária alemã.

A China, porém, desde o início da operação do Maglev de Xangai, começou a pesquisar veículos de levitação magnética para uso urbano. Atualmente duas fábricas do grande conglomerado estatal CRRC (*China Railway Rolling Stock Corporation)*, com mais de 50 unidades e 170 mil empregados, fornecem soluções para velocidade até 120 km/h e operam comercialmente em Changsha (maio/2016; 18,6 km) e brevemente em Pequim (10,2 km), estando em fabricação 60 carros na fábrica da CRRC em Tangshan.

Na baixa velocidade são veículos capazes de se inscrever em curvas verticais e horizontais de 50 m de raio e vencer rampas de 7% de inclinação. Circulam silenciosamente em vias elevadas no ambiente urbano e pode ser enquadrados na grande classe dos *monotrilhos*.

    O autor teve a oportunidade de visitar as duas fábricas no final de julho de 2017, fazer várias viagens no Maglev em operação entre a estação do Trem de Alta Velocidade e o aeroporto internacional de Changana, comprovando a qualidade técnica e o nível de conforto e silêncio deste trem que opera sem atrito e vibrações.

    Serão, portanto, os veículos conhecidos nas duas fábricas a principal referência deste livro para o Maglev de aplicação no Brasil.

Capítulo 3
A Mobilidade na Cidade do Futuro

A cidade é o ponto de encontro dos veículos com as pessoas. O grau de indisciplina no tráfego e no estacionamento é elevado, existindo todo um interesse em expandir cada vez mais o transporte individual. O transporte público perde demanda e o mais usado no Brasil (ônibus 86%, segundo ANTP) é incapaz de atender ao que mais deseja o usuário: **rapidez,** como demonstrou estudo do IPEA, a nível nacional. O que pode então ser feito?

3.1 – Tempo de Percurso Casa-Trabalho

A Fundação Instituto de Pesquisa Econômica Aplicada (IPEA) é uma fundação governamental com sede em Brasília, vinculada atualmente à Secretaria de Assuntos Estratégicos da Presidência da República, criada em 1964 para realizar pesquisas e estudos econômicos e sociais, dando suporte ao governo na formulação e avaliação de políticas públicas. Todos os países têm órgão semelhante e o IPEA brasileiro tem uma boa reputação, construída ao longo dos anos pelo trabalho sério de seus técnicos.

Em 2013 divulgou um amplo trabalho (Comunicado nº 161) com o título "Indicadores de Mobilidade Urbana da PNAD 2012". PNAD significa Pesquisa Nacional por Amostra de Domicílios, metodologia estatística qualitativa da Fundação Instituto Brasileiro de Geografia e Estatística (IBGE) considerada representativa pela idoneidade do órgão. Portanto, as informações adotadas neste capítulo têm um respaldo *oficial*.

Tabela 6 – Percentual de trabalhadores x tempos de percurso casa-trabalho por Região Metropolitana

RM/Ride	Minutos de casa ao trabalho			Mais de 1 hora até o trabalho*		
	1992	2012	Variação (%)	1992	2012	Variação (p.p.)
DF	32,8	34,9	6,5%	8,7%	10,6%	1,97
RM Belém	24,3	32,8	35,4%	3,3%	10,1%	6,86
RM Belo Horizonte	32,4	36,6	13,0%	10,6%	15,7%	5,02
RM Curitiba	30,2	32,0	6,0%	8,6%	11,3%	2,70
RM Fortaleza	30,9	31,7	2,8%	8,1%	9,8%	1,69
RM Porto Alegre	27,9	30,0	7,6%	6,1%	7,8%	1,70
RM Recife	32,3	38,0	17,8%	9,6%	14,0%	4,41
RM Rio de Janeiro	43,6	47,0	7,8%	22,2%	24,7%	2,51
RM Salvador	31,2	39,7	27,1%	8,3%	17,3%	8,97
RM São Paulo	38,2	45,6	19,6%	16,6%	23,5%	6,83

Fonte: Microdados PNAD, 1992, 2012. IBGE.

Fig. 3.1 – Tabela pág. 11 do Comunicado nº 161 IPEA 2013

Observa-se o crescimento em todas as regiões metropolitanos do tempo de viagem casa trabalho, o que estimula o transporte individual, que gera mais tráfego urbano e prejudica principalmente quem depende do transporte público, até como única alternativa por razões econômicas, foi a conclusão do IPEA.

Em outro estudo sobre o mesmo tema de mobilidade, no Sistema de Indicadores de Percepção Social (SIPS) o IPEA indica que em todas as regiões geográficas do Brasil predomina o transporte público, razão pela qual todo o esforço de melhoria, no que se refere ao investimento público, lhe deve privilegiar. Devido às distâncias, no Centro-Oeste Carro+Moto supera o Transporte Público.

Quais as Características de Um Bom Transporte (%)						
Motivos	Brasil	Sul	Sudeste	Centro-Oeste	Nordeste	Norte
Ter disponível mais de uma forma de se deslocar	13.5	18.3	18.1	7.2	10.2	5.8
Ser rápido	35.1	31.2	36.9	36.8	38.5	25.5
Sair num horário adequado à sua necessidade	9.3	11.5	8.0	7.2	10.8	9.4
Chegar no horário desejado a seu destino	4.8	5.6	5.3	2.8	5.5	2.7
Ser saudável	1.3	0.5	0.9	1.3	2.1	1.8
Poluir pouco	2.3	0.7	2.1	1.3	3.6	3.3
Ser barato	9.9	8.5	8.6	13.4	10.7	11.2
Ser confortável	9.7	7.8	7.6	10.6	10.5	16.4
Ter menor risco de assalto	2.3	1.5	1.3	2.5	1.9	7.0
Ser fácil de usar	1.2	1.5	0.7	0.9	1.5	2.4
Ter menor risco de acidente	4.2	4.4	4.2	5.3	2.7	6.4
Cobrir uma área maior	2.6	3.9	1.1	5.9	1.0	5.2
Ser cômodo	1.4	2.0	2.1	1.6	0.3	0.9
Outra característica	1.4	1.7	2.0	0.3	0.7	1.2
NS	0.4	0.2	0.7	0.9	0.0	0.0
NR	0.7	0.7	0.5	2.2	0.0	0.9

Fig. 3.2– Tabela pág. 11 "Quais as características de um bom transporte?" Mobilidade Urbana [SIPS 2011 IPEA]

Uma informação importante derivada do SIPS/2011 foi sobre as características que definem um bom transporte. Toda a ênfase, principalmente sob o ponto de vista jurídico, que sempre interfere nas decisões de transporte e considera apenas os aspectos econômicos, é a pouca importância do preço (ser barato) em relação à qualidade mais desejada (ser rápido), que ganhou o maior percentual: 35%. Os aspectos ambientais (ser saudável, poluir pouco) têm pouca importância, diante da disponibilidade e conforto. Como o fator tempo é o mesmo para todo ser humano e independe de classe social, desejar rapidez é quase um instinto.

A Associação Nacional de Transporte Público (ANTP) em recente publicação demonstra que a velocidade média do transporte motorizado vem caindo ano a ano, obviamente em decorrência do aumento do transporte individual. A velocidade dos automóveis se aproxima da velocidade média dos ônibus. A situação de São Paulo não é diferente do resto do país. Caminha-se no sentido contrário ao desejado pela população: rapidez.

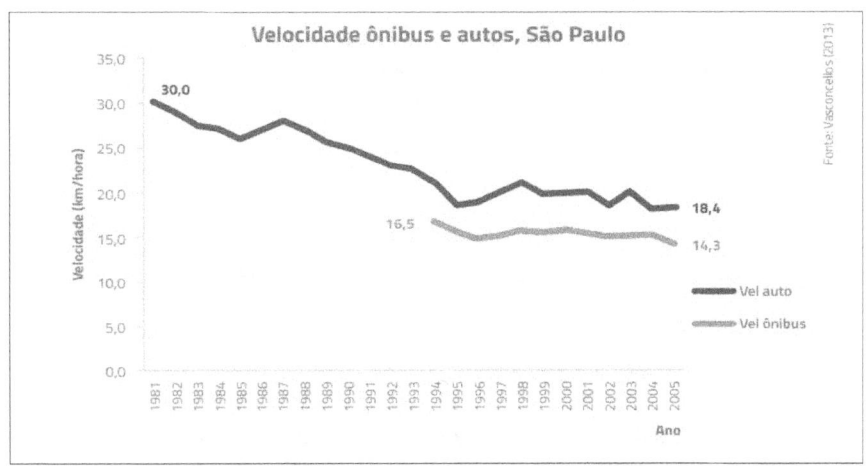

Fig. 3.3 – Tendência da velocidade média ônibus e autos [ANTP, 2016]

3.2 – Corredores de Ônibus

Para reverter a tendência de redução da velocidade média pelo crescente aumento da quantidade de veículos, surgiram os corredores de ônibus, denominados também "Faixas Exclusivas". Uma ideia antiga, testada nos EUA na década de 50. Mas lá, com muito capital disponível por causa do papel verde impresso e aceito como moeda no mundo inteiro, a solução foi uma brutal expansão das redes viária e amplos estacionamentos por toda parte.

No Brasil o arquiteto e urbanista Jaime Lerner, planejou bem planejado a expansão da cidade de Curitiba e a cortou de corredores de ônibus, os *Ligeirinhos*. Tentou vender sua patenteada estação tubular, mas não teve o mesmo sucesso nesta diretriz empresarial.

Implantar corredores de ônibus é a medida mais fácil de ser implantada, basta muitas vezes investir em tinta e implanta-se dezenas e até centenas de quilômetros de BRT (*Bus Rapid Transport*), que é realmente transporte por ônibus, mas nada de rápido. E quem afirma isso é o insuspeito Instituto de Energia e Meio Ambiente (IEMA) de São Paulo, demonstrando que a velocidade média aumenta de 10 a 15%. Porém, como o percentual incide sobre um valor que era baixo, o resultado continua muito distante do que deseja o usuário.

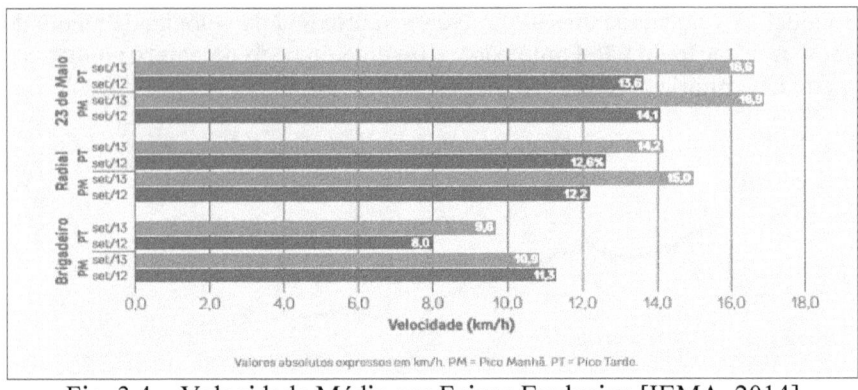

Fig. 3.4 – Velocidade Média nas Faixas Exclusiva [IEMA, 2014]

3.3 – Veículo Leve sobre Trilhos

Os Veículos Leves sobre Trilhos, uma tradução livre do LRV (*Light Rail Vehicle*), melhor denominado como "Bonde Moderno", é uma novidade que vem da Europa, que bem preservou um sistema sobre trilhos tradicionais. Em Portugal e Espanha foram praticamente erradicados como meio de transporte de massa, conservadas algumas linhas turísticas, para passageiros sem pressa.

Fig. 3.5 – Bondes Turísticos no Porto [foto autor maio/2017]

O Rio de Janeiro, principal destino turístico do Brasil, literalmente abandonou seu bondinho histórico de Santa Teresa e investiu num moderno VLT de origem francesa, como cartão de visita para os Jogos Olímpicos Rio 2016. Outras cidades também adotaram o VLT como uma solução inovadora, como Santos e Cuiabá.

Os VLT's do Rio de Janeiro têm demonstrado que a população desacostou-se dos bondes e mais de um ano após a inauguração continua sendo necessário um batedor, guarda municipal motorizado buzinando o tempo todo, avisando da chegada do trem. Uma imagem que remete à primeira ferrovia comercial, a Stockton & Darlington Railway, inaugurada em 27/09/1825, que necessitava de um cavaleiro com bandeira avisando, da mesma forma, que estava vindo um trem.

Fig. 3.6 – VLT *Alstom Citadis* necessidade de batedor motorizado como a Stockton & Darlington Railway de 1825

Em todos os projetos os custos finais extrapolaram o inicialmente planejado e as linhas que foram implantadas não se sustentam sem subsídios públicos. VLT não é transporte de massa e, ao se inserir no trânsito urbano, está condicionado à velocidade de todo sistema de superfície. Pode ser bonito, mas não atende ao que o usuário deseja, segundo o IPEA: rapidez.

3.4 – Monotrilho sobre Pneus

Há cerca de dez anos os especialistas da Secretaria de Transporte de São Paulo "descobriram a pólvora": monotrilho sobre pneus é a solução, rápida e barata. Três linhas foram planejadas como prolongamento do Metrô de São Paulo:
- Linha 15 Prata, Ipiranga Tiradentes, 26,6 km, 18 estações previstas, posteriormente reduzida para 10 e menos 11 km, para ser entregue pronta para Copa Fifa de Futebol 2014. Atualmente apenas duas estações estão operando. Custo aumentou 83%, para R$ 354mi/km.
- Linha 17 Ouro, Morumbi Jabaquara, 17 km, 10 estações previstas. Prevista também para a Copa 2014, reprogramada para 2019. A obra

foi interrompida por estouro orçamentário, devido a problemas inesperados de desapropriação e geologia.
- Linha 18, Bronze, Tamanduateí (São Paulo)-Estrada dos Alvarengas (São Bernardo do Campo). Também do plano da Copa, mas ainda sem data para início, pois contratualmente depende do desempenho da Linha 17. Orçamento original R$ 3,5 bilhões até a estação de Djalma Dutra, decorrente de PPP (Parceria Público Privada), provavelmente será revisto.

A realidade é que a solução dos monotrilhos sobre pneus em São Paulo não foi rápida e muito menos barata. Muitos moradores se sentem invadidos pela via elevada, que desvalorizou a região que atravessa e os custos próximos de um metrô subterrâneo de maior capacidade gera uma crescente insatisfação popular e crítica da imprensa. O custo quilométrico atualmente entre 110 e 120 milhões de dólares, pode crescer ainda mais.

Fig. 3.7 – Monotrilho de São Paulo

3.5 – Metrô Subterrâneo

Iniciada em 1974, a rede metroviária de São Paulo, a maior do Brasil, tem 78,4 km e 66 estações, estando entre os mais densos do mundo com 4,6 milhões de passageiros diários. Seu ritmo de expansão é de 1.823m/ano, considerando muito baixo para uma cidade de mais de 12 milhões de habitantes. Madrid, na Espanha, por exemplo, tem 283 km de metrô para uma população de 3,2 milhões de habitantes.

     A solução de inserir em vias subterrâneas o transporte urbano sobre trilhos nasceu em 1863 em Londres como *Metropolitan Railway,* consagrando o termo "metrô" adotado mundialmente, embora para os ingleses seu sistema tenha o apelido de *Tube*. Atualmente tem 400 km e transporta 3 milhões de passageiros diários – menos do que o metrô paulista que tem apenas 20% da extensão do metrô londrino.

Metrô é considerada a solução definitiva para uma cidade moderna, pois não é poluente, pode chegar rápido em qualquer lugar e libera a via pública para o cidadão urbano – seu defeito é ser caro, para construir e para operar, pois até mesmo o metrô paulista, que pela elevada densidade em termos de passageiros/quilômetro dificilmente cobre seus custos operacionais. O custo do investimento, estudos no caso de São Paulo demonstram que no longo prazo o investidor público recupera toda a aplicação pelo aumento dos impostos territoriais e sobre serviços pela valorização imobiliária e aumento do comércio na região servida.

A vantagem principal do metrô, principalmente o metrô de concepção mais moderno, com estações mais espaçadas, que permitem velocidade comercial (que inclui o tempo de parada nas estações intermediárias) mais elevada, atende exatamente o que usuário quer: Rapidez.

Como exemplo, a Linha 10 do metrô da cidade espanhola de Barcelona, com 55 km/h de velocidade comercial, quatro vezes mais veloz do que um BRT:

Fig. 3.8 – L10 Metrô de Barcelona [site da empresa]

3.6 – Maglev Metropolitano

Trata-se de um conceito do século XXI, tão rápido quanto um metrô moderno, porém com custo construtivo e operacional menor. Como? Será o que os próximos capítulo demonstrarão.

Capítulo 4
A Engenharia Civil em Projetos de Mobilidade

Como foi explanado no capítulo anterior, o metrô subterrâneo é o transporte de massa que atende ao quesito rapidez e consegue atingir qualquer ponto da cidade, porém "metrô é bom, mas muito caro!" é um conceito cristalizado e com razão.

O mais recente projeto completo de uma linha metroviária no Brasil é a do Metrô de Curitiba, com informações detalhadas disponíveis na Internet pelo autor do projeto, o Instituto de Pesquisa e Planejamento Urbano de Curitiba [IPPUC, 2014]. O projeto foi elaborado com apoio técnico de experientes engenheiros metroviários de São Paulo e só não foi licitado em 2014 por conta de proibição judicial, que questionou aspectos ambientais do projeto. Por se tratar de informação de qualidade e disponível para todos, o projeto do metrô de Curitiba será o principal documento de referência de custos construtivos neste texto.

4.1 – Classificação dos Custos Construtivos

Não é surpresa que no projeto do Metrô de Curitiba os custos classificados como de *Engenharia Civil* correspondam a quase 2/3 do custo total do projeto. Túneis e estações, por sua vez, respondem por 86% de todo custo da engenharia civil. Quase todos os projetos sobre trilhos de mobilidade urbana têm esta relação aproximada. Portanto, se quisermos ter melhor retorno do investimento público, onde procurar fazer economia? Nos itens de menor custo ou nos itens de maior custo?

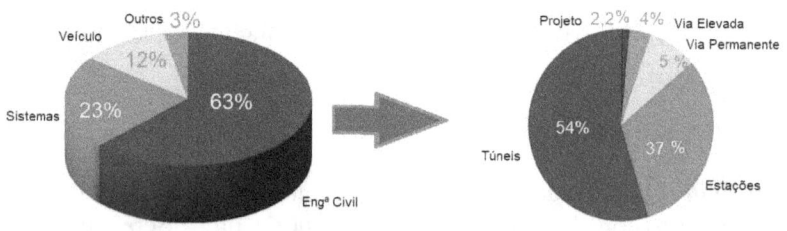

Fig. 4.1 – Custos Construtivos do Projeto do Metrô de Curitiba [IPPUC, 2014]

Destaca-se no projeto que sua própria elaboração, ou seja, o projeto de engenharia soma 2,2%, um valor considerado suficiente, mas que não deve desprezar uma detalhada prospecção geológica. Uma economia nesta área gera um grande risco, capaz de estourar qualquer orçamento, porque a natureza terá de ser enfrentada de qualquer maneira.

Geralmente, nos projetos de mobilidade urbana, na pressa política de mostrar resultados e logo licitar, atropela-se a delicada questão ambiental, rigidamente protegida por leis, que serão usadas depois pelo Ministério Público Federal (MPF) para embargar as obras, como foi o caso do metrô de Curitiba. Revisão orçamentária, obrigatória por conta das surpresas imprevistas, implica revisão contratual, que de imediato gera suspeita de fraude. Por isso os orçamentos estouram, os prazos dilatam e os políticos que aceitaram os argumentos técnicos dos planejadores de transporte são obrigados a se especializar em dar desculpas. Como foi o caso dos monotrilhos de São Paulo.

Embora responda pela maior parcela dos custos, geralmente o engenheiro civil só é convocado quando os economistas, arquitetos e outros especialistas em transporte já terminaram seu trabalho, definiram tudo sem lhe pedir opinião e estudo técnico. Resta-lhe então obedecer às normas técnicas e executar a obra como previsto. Esta situação pode mudar? Claro que pode e deve! A engenharia civil, responsável pela maior parcela de custo deve idealmente antecipar e, no mínimo, participar de toda concepção de um projeto metroferroviário.

Um exemplo interessante, até por conta do peso de sua participação no custo da engenharia civil de um projeto metroviário, é a concepção dos túneis. Um túnel de seção capaz de comportar uma linha dupla ou dois túneis para linha singela. Qual a opção mais econômica?

4.2 – Túnel Duplo vs. Túnel para Linha Dupla

Todos os metrôs do Brasil usam túneis para linha dupla. É também o sistema mais comum na Europa e nos Estados Unidos. Então, parece não ter dúvida alguma, se todo mundo usa é porque é a melhor opção. Mas, se o objetivo é a redução de custo de engenharia civil e túnel é o item mais importante, vale a pena investigar, primeiro com base apenas na *Geometria Euclidiana*.

Um trem de levitação magnética de média velocidade (até 120 km/h), não tem rodas e truque, estando sua caixa apoiada em uma base de levitação, que flutua a 10mm de uma chapa metálica, que faz o papel de estator ou primário do motor linear; isto é, também não tem trilhos e dormentes. Portanto, um trem maglev se inscreve perfeitamente num túnel de $d_1 = 4,50$ m de diâmetro.

Os túneis metroviários são perfurados por TBM (*Tunnel Boring Machihe*), denominadas tuneladoras e no Brasil apelidada pela imprensa de "Tatuzão", capazes de escavar 30 m por dia. No metrô de Curitiba o diâmetro da tuneladora especificada foi $d_2 = 11$ m de diâmetro.

Portanto temos os seguintes volumes escavados por quilômetro:

$V_1 = \pi \times d_1^2 / 4 \times 1000 = 3{,}1416 \times 4{,}5^2 / 4 \times 1000 = 15.904$ m^3/km

$V_2 = \pi \times d_2^2 / 4 \times 1000 = 3{,}1416 \times 11^2 / 4 \times 1000 = 95.033$ m^3/km

Como são dois túneis de 4,5 m de diâmetro, o volume será:

$$2V_1 = 31.808 \text{ m}^3/\text{km}$$

Acréscimo em relação ao túnel para linha dupla:

$$A = 95.033 / 31.808 = 2,99 \approx 3 \text{ vezes mais escavação no túnel simples}$$

Em outras palavras, dois túneis em vez de um único para linha dupla significa uma economia de escavação e transporte de 67%. É muita coisa!

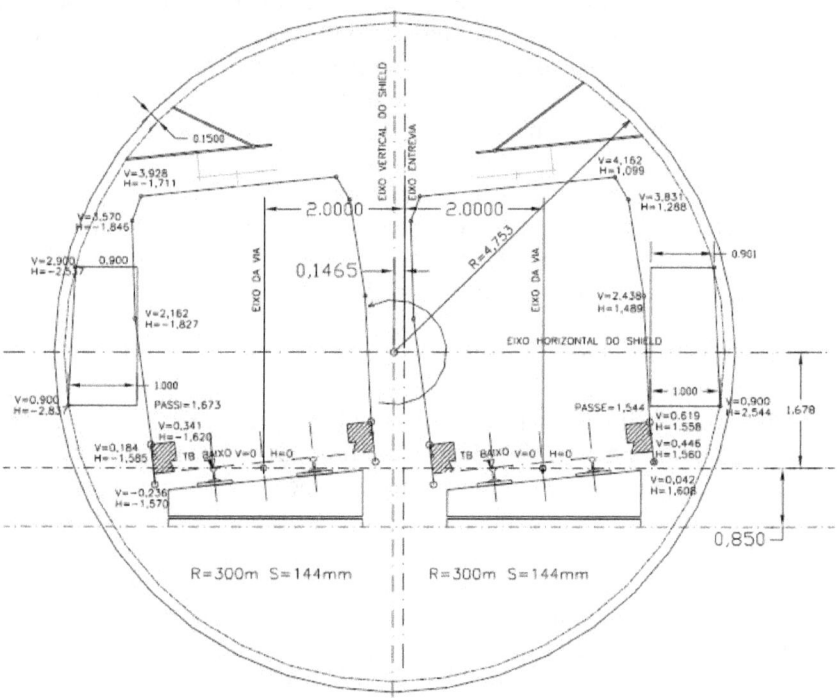

Fig. 4.2 – Gabarito Dinâmico do Túnel do Metrô de Curitiba (D=11 m)

Pode-se contra argumentar com o possível aumento do revestimento por serem dois túneis, mas a geometria Euclidiana mais uma vez desmente. A espessura de um revestimento é dada pelo diâmetro dividido por 22. Um túnel de 11 m de diâmetro, seria revestido por peças cônicas encaixáveis de 50 cm de espessura. Um túnel de 4,5 m de diâmetro com peças de 20 cm. O volume do revestimento de cada túnel é dado pelo perímetro multiplicado pelo diâmetro médio do revestimento de cada túnel: $d_2 = 10,75$ m e $d_1 = 4,40$ m.

Por quilômetro, o consumo de concreto para revestimento será:

$2P_1 = 2 \times \pi \times d_1 \times 1000 = 2 \times 3{,}1416 \times 4{,}4 \times 1000 \times 0{,}2 = 5.652 \text{ m}^3/\text{km}$

$P_2 = \pi \times d_2 \times 1000 = 3{,}1416 \times 10{,}75 \times 1000 \times 0{,}5 = 16.886 \text{ m}^3/\text{km}$

$P_2 / 2P_1 = 16.886 / 5.652 = 2{,}99 \approx 3$ vezes mais concreto para revestimento no túnel simples

Num único túnel, escava-se para depois aterrar e montar a via permanente ferroviária, enquanto nos dois túneis o veículo se insere perfeitamente na seção transversal do túnel. Em logística, qualquer atividade que não agrega benefício, agrega custo.

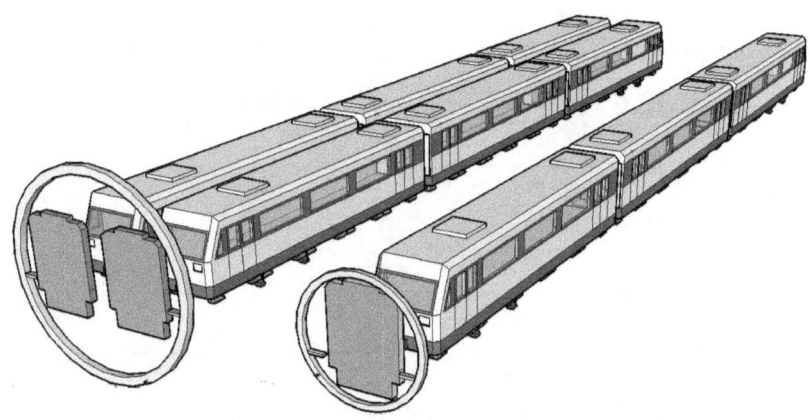

Fig. 4.3 – Comparação de túneis para o Maglev da CRRC

Um "especialista" em túneis poderia argumentar que operar duas tuneladoras consumiriam mais mão de obra do que uma única. Mas, os fatos desmentem. A tuneladora de 11,6m de diâmetro comprada pelo Estado do Rio de Janeiro para a construção da Linha 4 do Metrô Rio de 16km exigia 300 pessoas para operá-la. Duas tuneladoras de 5,2 m de diâmetros usados na expansão de uma linha da sua rede na mesma época, a Chernote *Line*, consumia 50 pessoas em cada, ou seja, 1/3 do pessoal.

O "especialista" continuaria a insistir, que o preço de uma tuneladora de 4m é pouco menor do que uma de 12m e aí ele tem razão. Por quê? A resposta pouco conhecida é esta: o "negócio" dos fabricantes das tuneladoras não é vender o equipamento, mas os componentes que se desgastam, em função do volume de material escavado. Como os fabricantes de impressoras, mais interessados em comercializar o tôner e os cartuchos de jato de tinta, do que o próprio equipamento.

Na Tese de Doutorado, defendida em 2007 na Universidade Politécnica da Catalunha (Barcelona Tech), o engenheiro Ignacio Sáenz de Santa María Gatón, demonstrou que um túnel para cada linha, portanto dois túneis, é mais vantajoso do que um túnel único para linha dupla. Na Tese, dois túneis de 5,20m de diâmetro, num trecho de 6 km com quatro variações de solo, apresentam um custo total de 100 milhões de Euros (2x50). Um túnel único de 11 m o custo de 150 milhões de Euros (50% mais caro). Isto numa comparação grosseira, porque há economia de mão de obra (item responsável por cerca de 40% do custo total).

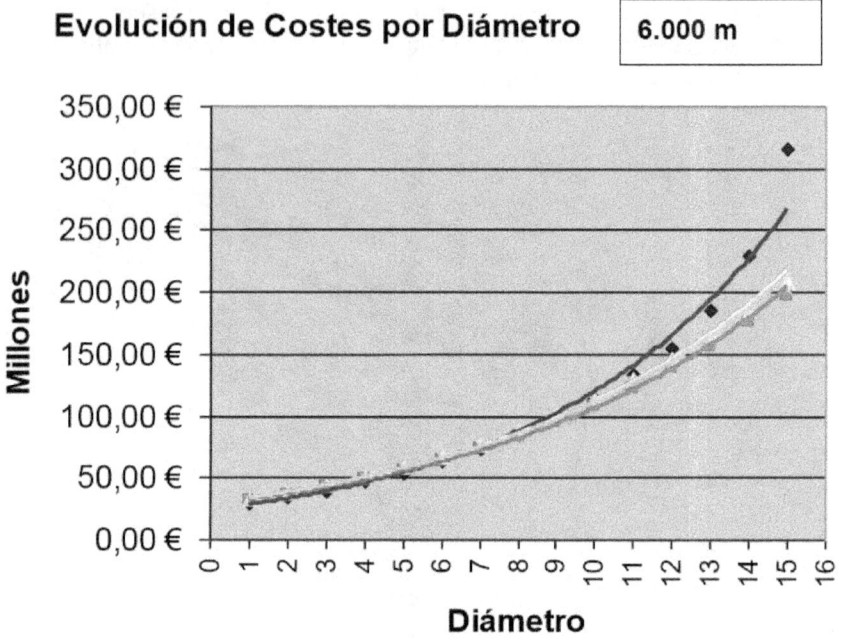

Fig. 4.4 – Exponencial do Custo Construtivo em Função do Diâmetro
[Gatón, 2007]

Em seus comentários Gatón informa que valorar custos no setor de construção é difícil porque a ninguém interessa falar a verdade....

"*decir lo que realmente valen las cosas, pues en esta opacidad se esconde gran parte de la estrategia para aumentar beneficios por parte de las constructoras. Tampoco las casas fabricantes de tuneladoras son muy receptivas a dar dados al respecto.*"[Gatón, 2007, pág. 54]

Possivelmente o comentário de Gastón se aplique também ao Brasil e os "especialistas" em tuneladoras recebem os projetos prontos, cabendo-lhes administrar o serviço sem questionamento. Porém, considerando que por trás de toda obra de mobilidade existem recursos públicos cabe ao cidadão questionar e ao técnico apresentar a justificativa adequada. Portanto, por seu menor custo construtivo, no Maglev Metropolitano prevê-se túnel duplo.

Em decorrência da participação do custo dos túneis em linhas subterrâneas, vale a pena aprofundar nos fatores de redução deste custo de engenharia civil, seguindo a orientação do *Wordcester Polythechnic Institute,* da Austrálina no trabalho "Analysing International Tunnel Costs", que ordena os seguintes pontos relevantes:

- ***Pesquisas Locais*** são fundamentais porque a construção de um túnel ocorre ao longo de uma extensão subterrânea desconhecida. A análise geológica se realiza para classificar o solo: os tipos de rocha, areias, arenitos e os parâmetros dos riscos potenciais, tais como falhas, zonas de cisalhamento, águas subterrâneas e serviços subterrênos. Frequentemente será necessário uma série de perfurações para avaliar melhos estas condições. Na maioria dos casos, o túnel proposto atravessará vários tipos de substratos e riscos, tornando este processo ainda mais importante, para obter estimativas de custo mais precisas e evitar atrasos. Deve-se preparar um desenho preliminar, sendo aceitável estar 80% completo para assegurar um financiamento – precaução não observada em obras brasileiras.
- ***Aquisições e Estratégias*** é o segundo fator de custo mais importante, porque em região urbana (mercado do Maglev Metropolitano) há restrições frequentes para o transporte do material escavado. Portanto, reduzir o volume escavado é a primeira estratégia a ser adotada nas obras urbanas. Porém, os fabricantes de tuneladores adotam uma estratégia onde o importante não é a venda do equipamento, mas o fornecimento continuado dos discos de cortes, peças de reposição que se desgastam e a assistência técnica. Portanto, o intersse deles é que o projeto seja grande e complexo, para obter maior ganho – ao contrário do objetivo de redução de custo. Explica-se portanto a compra das tuneladoras pelo governo e não pelas empreiteiras que a utilizarão.
- ***Liderança e a Gestão*** por parte dos clientes é outro fator importante, porque a modalidade de contratação mais comum é a PPP.
- ***Mão de Obra*** Os custos de mão de obra tipicamente representam de 30 a 40% do orçamento total de um projeto de túneis. Uma redução na quantidade de mão de obra requerida para entregar um túnel gera economia de custos. Dado que os maiores custos laborais são de trabalhadores de construção civil, a otimização das plantas dos pré-fabricados, o aumento da eficiência tecnológica e uma melhor gestão são áreas de redução de custo. Na política de trabalhar sempre com um par de tuneladora em paralelo, o suprimento de componentes, a logística e a manutenção devem ser realizada por uma equipe comum, que atenda às duas tuneladoras.
- ***Especificações Técnicas e Desenhos Pdronizados*** constituem um importante fator de custo, por se manejável. A experiência de uma obra deve ser utilizada em outra obra e sempre que possível registrar

patentes de procedimentos aprovados, com o objetivo de criar uma especialização.
- **Canais de Suprimento** que faz parte da boa logística é o segredo do êxito. Os materiais e os custos de planta são muito semelhante aos de outras regiões. Há poucos fornecedores principais que suprem tuneladoras. Para obter vantagens competitivas é preciso logo partir para uma padronização ao invés da otimização. Isto supõe mais tuneladoras que se possam reutilizar em outras obras. Portanto, ter um mercado amplo, com diversas cidades interessadas em implantar o Maglev Metropolitano e adotar uma logística refinada, capaz de deslocar o equipamento e sua equipe de uma obra para outra constitui uma boa logística.
- **Habilitação dos operários** é importante no Brasil e na América Latina. Atualmente cada projeto de metrô é exclusivo, ou seja, caminha-se no sentido contrário à da padronização, o que dificulta o treinamento de operários, gerências e sua utilização de um local para outro.
- **Economia de Escala** resultante da padronização dos componentes dos túneis e do equipamento é um fator chave. Túneis que sejam capazes de compartilhar planta e equipe reduzem custo e melhora a qualidade da informação. Além disso como as equipes de tuneladoras. Depois de usada e se for vendida ao fabricante, uma tuneladora vale de 5 a 5% do preço de compra, portanto a melhor política é sempre usar o mesmo equipamento em várias obras.
- **Compensações Ambientais** no Brasil é levada a sério. Bons projetos, como o metrô de Curitiba, são paralisados, ou seja, a obra em embargada judicialmente, devido a projetos ambientalmente mal elaborados. Mesmo que um túnel tenha por sua natureza pouco impacto ambiental, este item deve ser considerado com todo cuidado.
- **Normas de Saúde e Segurança** durante, mas principalmente durante a obra, devem ser rigidamente seguidos. Os túneis ferroviários mais extensos do mundo, como o *Eurotúnel* de 50 km, construído em 1996 e o de S]aoGothardo de 57km, construído em 2016, utilizan a técnica de túneis individuais, Por várias razões, entre elas a segurança. Um atentado ou acidente em um túnel para linha dupla interrompe a operação, mas em um túnel individual o ponto critico pode ser isolado e a operação prosseguir. Portanto, ter ao longo da via travessões, que permitam a mudança do trem de um túnel para outro é fundamental no Maglev Metropolitano, assim como passarelas de emergência em ambos os lados da composição, que permitam evacuação rápida. A questão de combate a incêndio é fundamental, pois qualquer acidente pode comprometer e até condenar todo o futuro de um bom projeto. Segurança e operacionalidade não itens onde não se deve buscar economia.

Interessante que esta questão tão óbvia, do aumento do custo do túnel simples para linha dupla em vez de dois túneis de menor diâmetro, não seja devidamente considerada nos projetos metroviários brasileiros. É preciso quebrar paradigmas e não aceitar simples imposições, provavelmente originárias das empresas interessadas em vender os componentes que se desgastam e das empreiteiras, interessadas em maior volume de trabalho. Se há economia a ser feita, deve ser procurada no setor mais oneroso (a engenharia civil) e nesta no seu maior item (construção dos túneis).

Pode-se concluir, portanto, que grosso modo, se o metrô de Curitiba tivesse optado por dois túneis de 4,50 m de diâmetro ao invés do único túnel de 11,0 m de diâmetro para linha dupla, teria feito uma economia de 67% justamente no item de maior custo.

4.3 – Estações

Na composição do custo construtivo total do Metrô de Curitiba (que está sendo tomado como referência), o segundo maior item da engenharia civil são as estações. Verifica-se nos metrôs implantados no país uma completa falta de padronização; cada estação é uma estação. Até arquitetos famosos são convidados a lhes dar seu toque personalizado. Esta diferenciação resulta em mais custo. Se, por exemplo, fossem utilizadas peças de concreto pré-fabricado, a construção poderia ser padronizadas com redução de custo pelo maior rendimento decorrente da escala. Ou seja, seria interessante ter uma "fábrica de estações" para o Maglev Metropolitano.

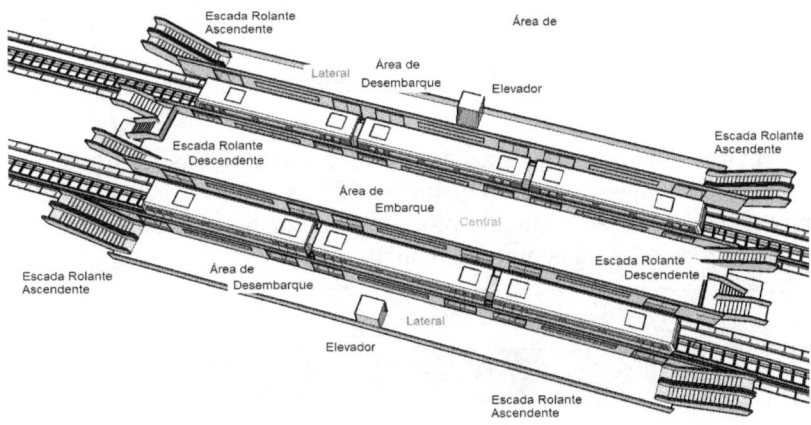

Fig. 4.5 – Embarque/Desembarque da *Estação Padrão* (piso-2)

A padronização das estações permite ainda ganhos operacionais importantes. Na concepção proposta, os passageiros sempre desembarcariam pelas laterais e embarcariam sempre pelo centro, evitando que fluxo contrário de pessoas pelas portas. O tempo em cada estação de 20 segundos poderia ser reduzido para 15, uma economia de 25%. As escadas rolantes operando sempre com um sentido de movimento, subindo das plataformas de desembarque e descendo para a plataforma central de embarque.

Como as estações metroviárias têm grande afluxo de passageiros, prevê-se no primeiro piso de acesso à rua, uma área comercial valorizada, pois as receitas extra-operacionais são um importante fator para o equilíbrio financeiro do empreendimento. O embarque e desembarque se localizam no final da estação, induzindo o passageiro, que entra na estação sempre pela área central, percorra toda zona comercial (o mini *shopping*). Mais exposição, mais vendas, mais valorizados os aluguéis, maior viabilidade econômica para o projeto.

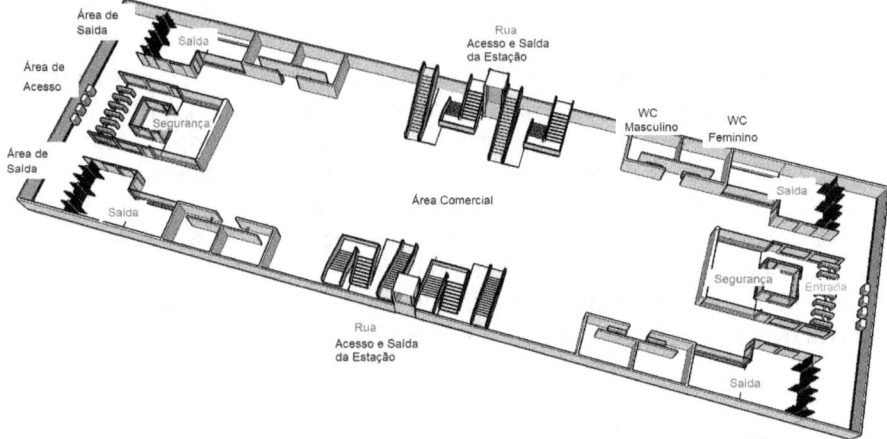

Fig. 4.6 – Acesso/Saída da *Estação Padrão* (Piso -1)

O uso comercial das estações não deve agredir o passageiro; ao contrário. Várias lojas viabilizam quatro banheiros públicos, acessíveis com o mesmo tíquete ou cartão do metrô, proporcionando uma área bem iluminada, segura e confortável para compras eventuais.

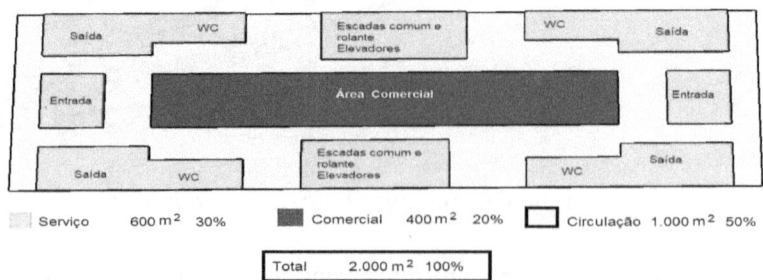

Fig. 4.7 – Classificação das áreas do Piso -1 da *Estação Padrão*

A técnica construtiva das estações do metrô de Curitiba consiste em escavar e cobrir. Previam estacionamento para automóveis e bicicleta, que deve ser considerado um investimento à parte, que só encarece o projeto. Portanto, a grosso modo, adotando-se um padrão construtivo baseado em peças pré-moldadas de concreto armado, estima-se uma redução de custo neste item de aproximadamente 60%, ficando o custo médio de cada estação em US$ 8 milhões.

Fig. 4.8 – Concepção arquitetônica das estações do Metrô de Curitiba

4.4 – Via Permanente

O terceiro item de custo da engenharia civil num projeto metroviário é a via permanente, composta pelos dormentes (ou vigas contínuas), a placa de apoio com os fixadores (rígidos ou elásticos) e o trilho, um padrão americano TR-57 ou padrão europeu UIC-60, pesando respectivamente 57 kg/m e 60 kg/m.

Na levitação eletromagnética para baixa e média velocidade adotada na China (*Maglev Express* de Changsha), toda em via elevada e que é nossa referência técnica, esses três componentes principais de uma via permanente estão presentes, porém seu desenho mudou completamente. A via permanente assentada sobre uma viga I do tipo caixão de concreto, provavelmente protendido, serve de apoio ao barramento de energia e o barramento neutro, que fecha o circuito elétrico. À distância parece uma linha ferroviária comum, mas esconde detalhes especiais.

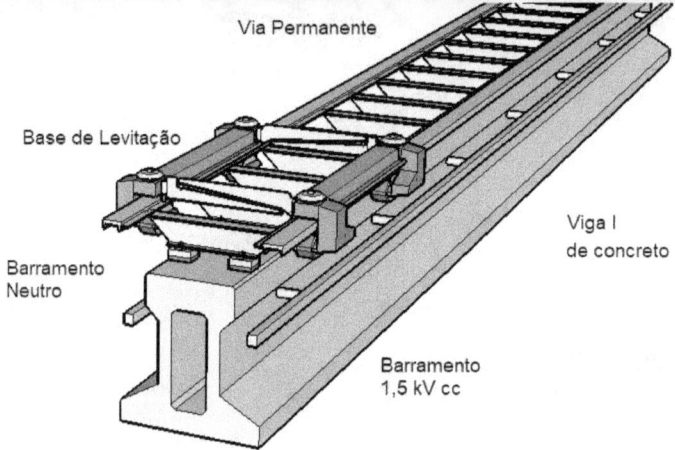

Fig. 4.8 – Maglev em Via Elevada em Changsha e desenho indicativo

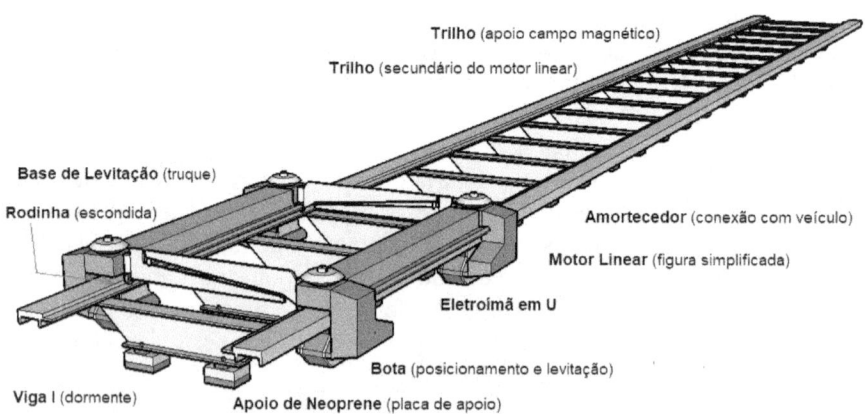

Fig. 4.9 – Detalhe da Via Permanente do Maglev

O trilho é uma viga de formato U, posicionada de cabeça para baixo, mas com um ressalto onde circula uma rodinha (escondida em todos os desenhos ilustrativos). Um perfil metálico I faz o papel do dormente, separando os dois trilhos e um apoio de neoprene, faz o papel da placa de apoio, na semelhança com uma via permanente roda trilho

A base de levitação faz o papel do truque, mas não tem rodas. Uma bota magnética, que faz o papel das rodas, tem no seu interior um sensor de posição, que mede 10.000 vezes por segundo a distância do eletroímã (em forma de U) e o trilho, também U, mas de cabeça para baixo. Se a distância entre os dois extremos dos "Us" é superior a 12 mm um controlador injeta corrente (amperagem) na bobina do eletroímã que é atraído pela massa metálica do trilho. Se a distância é inferior a 8 mm o controlador retira corrente da bobina e, por ação da gravidade, a distância aumenta. Desta forma, o conjunto levita se mantendo afastado entre 8 a 12 mm (média 10 mm), não transmitindo vibração alguma aos passageiros.

O motor linear é a peça mais pesada desta base de levitação, que faz o papel do truque ferroviário e o desenho é uma simplificação. Trata-se de um motor linear de primário curto, que precisa ser alimentado de energia. Em compensação, o secundário formado pelo trilho tem uma camada de alumínio superficial que faz a indução elétrica, criando o campo deslizante, ao contrário do campo circulante de um motor rotativo de corrente contínua convencional.

Quatro pontos de apoio, com amortecedores interligam a base de levitação com o corpo do veículo. No caso do *Maglev Express*, cada carro de passageiro possui cinco bases de levitação.

Na falta de energia, quando o veículo se encontra numa oficina ou vai permanecer muito tempo sem levitar, a base se apoia sobre quadro rodinhas (como rolamentos). O trem passa então a funcionar como um veículo sobre rodas e pode ser movimentado com facilidade, inclusive no caso de avaria.

A dupla função da via permanente (suporte de levitação e secundário do motor linear) torna a estimativa de redução difícil, razão pela qual optou-se, neste livro, por manter o valor previsto pelo metrô de Curitiba para custo de via permanente, prevendo-se uma revisão em edições futuras, depois de experiência de implantação.

4.5 – Aparelho de Mudança de Via (AMV)

Um item importante sob o ponto de vista operacional é a capacidade dos trens mudarem de linha, em caso de qualquer problema. No sistema metroferroviário tradicional a instalação de dois AMV's que permitem o cruzamento de uma linha para outra (travessão) é a solução mais comum, embora exigindo muito espaço, de preferência em tangente e nível. No caso dos monotrilhos os AMV's sempre são um problema complexo, pois é necessário a translação de toda a via, onde o que é um lado do triângulo se torna a hipotenusa, então tem de crescer. O grande defeito deste sistema é não possuir uma curva de transição, o passageiro sai de uma curva de raio infinito (tangente) para uma curva de 50 m de raio. Mesmo em baixa velocidade percebe-se este choque de mudança de aceleração.

Aproveitando as características da levitação magnética, como a inscrição em curvas fechadas, o autor propõe uma construção singular para linhas subterrâneas, que consiste em no AMV 3D (tridimensional) em cada extremo da estação ou ao longo da via, elevada ou subterrânea, dando total flexibilidade operacional. Em vez de translação, usa-se a rotação e todo conjunto pode ser movimentado por um par de motores elétricos de baixa potência, pois o conjunto está equilibrado, permitindo três situações no mesmo local: passagem livre em linha dupla, desvio da esquerda para a direita e desvio da direita para a esquerda. Além de ser mais rápida a rotação (± 120°) do que a translação, ambos desvios têm curva de transição, para melhor conforto do passageiro.

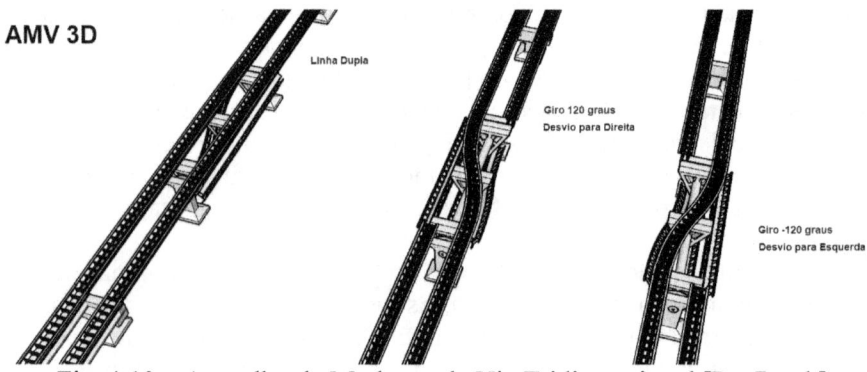

Fig. 4.10 – Aparelho de Mudança de Via Tridimensional [Pat.Pend.]

No caso de uma entrevia superior a 4,40 m, como por exemplo, 12 m logo na saída/entrada de cada estação, a configuração do AMV 3D fica diferenciado, para evitar um vão muito extenso do prisma de seção triangular giratório.

O AMV 3D, por sua função de travessão, tem um custo elevado, admitindo-se o dobro do custo de um AMV normal, para desvio de uma única linha. Entretanto, como o AMV 3D tem dupla função, permitindo desvios para ambos os lados, seu custo unitário tende a igualar-se ao custo de dois AMV's formando um travessão, razão pela qual, não se prevê reduções ou aumento de custo por sua adoção. Ou seja, o custo da via permanente permanece constante, sujeito a revisão em futuras edições.

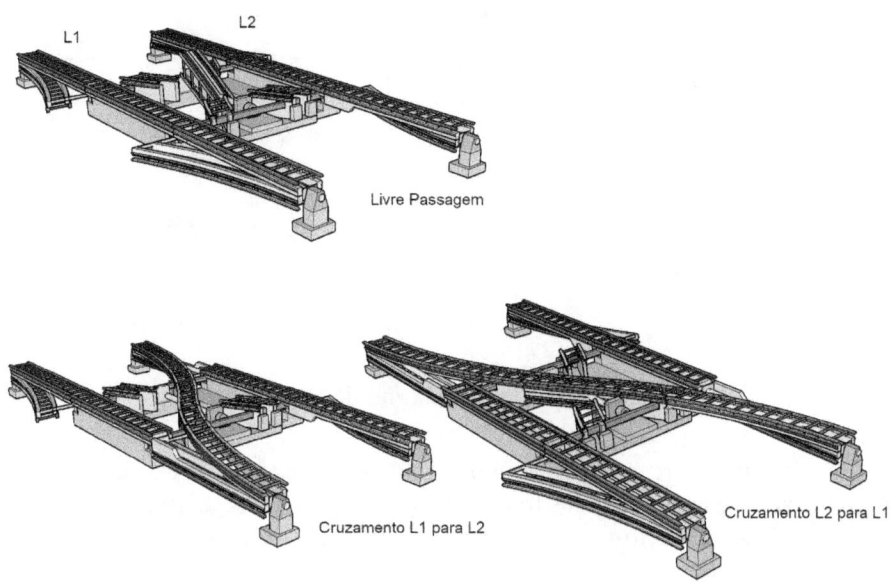

Fig. 4.11 – AMV 3D para grandes entrevias [Pat.Pend.]

4.6 – Via Elevada

É intuitivo que custo construtivo de uma via elevada é inferior à de uma linha subterrânea. No caso do projeto do metrô de Curitiba, o custo quilométrico do túnel simples de 11 m de diâmetro foi orçado em US$ 25,4 milhões/km, enquanto a via elevada teve orçamento de US$ 16,4 milhões/km. Entretanto, como explanado no item 4.2, a adoção de dois túneis de menor diâmetro propiciaria uma redução de 60%, ou seja, o custo unitário dos túneis cairia para US$ 10,2 milhões/km, inferior ao custo da via elevada. Um contra censo, razão pela qual este item deve ser melhor avaliado, considerando as características do trem de levitação magnética.

Apesar das normas de dimensionamento de pontes e viadutos ferroviários preveem um Trem-tipo de acordo com normas técnicas, conceitualmente todo transporte sobre rodas é uma carga concentrada. Na levitação magnética, entretanto, a carga está distribuída. Esta pequena distribuição das cargas dá uma grande diferença conceitual.

Admitindo uma viga bi apoiada de vão L solicitada por uma carga concentrada P e a mesma viga solicitada pela carga distribuída q, resultado da divisão da carga P pelo vão L, observa-se que o momento fletor máximo da carga sobre rodas é o dobro do momento máximo do Maglev:

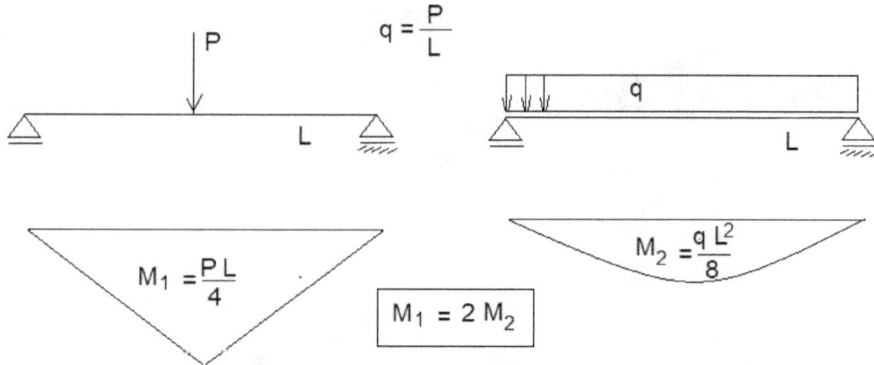

Fig. 4.12 – Momento Fletor Máximo da Roda e do Maglev

O veículo preconizado no projeto do metrô de Curitiba tem um peso bruto de carga concentrada nos truques com 20 t/eixo, ou seja, 40 t por truque.

O Maglev Metropolitano, de acordo com fabricante CRRC, tem peso total de 94 t ao longo de 45 m de via (3 carros com 5 bases de levitação cada), transportando 1.014 passageiros de 70 kg cada, ou seja, 3,7 t/m.

Adotando os valores práticos para o vão de 15m, M1 = 150 m e M2 = 101,25. Em termos práticos, a carga concentrada do roda trilho implica um acréscimo de 50% em relação à carga distribuída do maglev.

É claro que um cálculo mais elaborado, considerando as normativas (inexistentes ainda para levitação magnética), efeito dinâmico, peso próprio de vários tipos de estrutura (concreto armado, concreto protendido, mista e metálica) darão resultados mais precisos. Todavia, para efeito de pré-dimensionamento, adota-se uma redução de 33%, para o custo médio da via elevada para o maglev, em relação à via elevada para o metrô convencional.

Os novos valores indicam:
Custo médio túnel simples ………. US$ 10,6 milhões/km
Custo médio via elevada …………. US$ 10,9 milhões/km

Os valores tão próximos indicam que a opção pela via subterrânea deve ser preferencialmente considerada, pois não é invasiva, protege o veículo de insolação e minimiza as desapropriações.

4.7 - Ventilação

Um item pesado no orçamento do metrô trata da ventilação dos túneis, capazes de esgotar fumaça proveniente de incêndio. No caso do Maglev Metropolitano, tendo em vista a ação de pistoneio do veículo que se inscreve com pouca folga em cada túnel e por serem individuais, prevê-se uma redução de custo deste item de 50%. Ou seja, o orçamento cairá de US$ 86,3 milhões para US$ 43,2 milhões.

Tratando-se de um custo decorrente dos túneis, deve ser incorporado neste item.

4.8 – Pátio

O metrô convencional exige um grande pátio de manobra, orçado em US$ 66,5 milhões. Os veículos de levitação magnética têm menor tara e podem ser armazenados em um edifício, propiciando uma redução de custo, estimada em 30%. Portanto o orçamento será reduzido para US$ 46,5 milhões.

Tratando-se de um complemento das estações, deve ser incorporado neste item.

4.9 – Projeto

Manteve-se o percentual de 2,2% para o projeto final de engenharia.

4.10 – Conclusões

Para uma efetiva comparação de custos, nada melhor do que a referência monetária. Como o projeto do metrô de Curitiba é de 2012, adotou-se como referência o valor do dólar americano no último dia daquele ano, ou seja: 31/12/2012 R$ 2,056 / US$; A redução dos custos da engenharia civil do maglev em relação ao metrô convencional, tendo como referência o projeto de Curitiba, será a seguinte:

Tabela 4.1 – Diferença de Custos Unitários

Item de Engenharia Civil	Metrô	Maglev
Túnel	US$ 26,3 mi/km	US$ 10,6 mi/km
Via Elevada	US$ 16,4 mi/km	US$ 11,0 mi/km
Estações	US$ 19,7 mi/estação	US$ 8,0 mi/estação
Via Permanente	US$ 2,5 mi/km	US$ 2,5 mi/km
Ventilação (verba Túnel)	US$ 86,3 mi	US$ 43,2 mi
Pátio (verba Estação)	US$ 32,5 mi	US$ 22,8 mi
Projeto	2,2% sobre total	2,2% sobre total

Tabela 4.2 – Diferença de Custo de Engenharia Civil (em US$ milhões)

Item	Quantidade	Metrô	Maglev
Túnel	15 km	395,0	159,0
Via Elevada	2 km	32,8	22,0
Estações	14	275,8	110,6
Via Permanente	17 km	42,5	42,5
Ventilação	1	86,3	88,7
Pátio	1	32,5	46,5
Projeto	1	19,8	7,0
TOTAL		884,7	410,4

A adoção da levitação magnética no projeto do metrô de Curitiba pode, portanto, no item de engenharia civil, representar uma economia de 53,6%, reduzindo o orçamento de US$ 884,7 para US$ 410,4 milhões e uma nova redistribuição percentual.

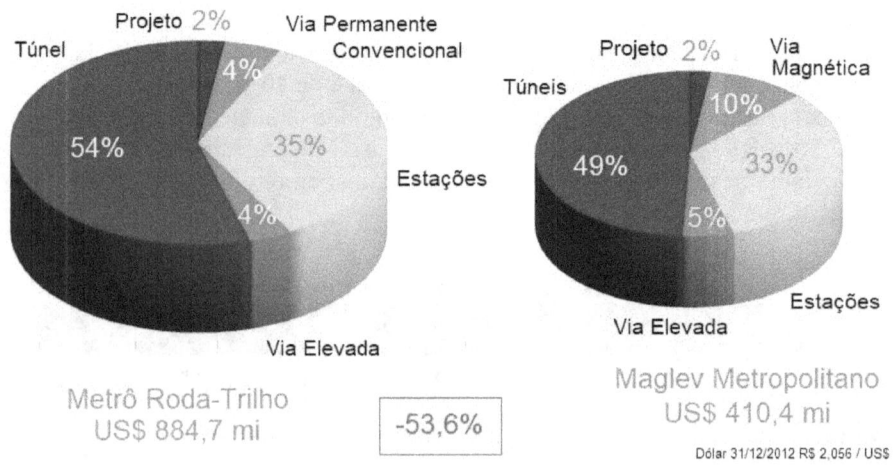

Fig. 4.13 – Redução do custo de engenharia civil pela adoção da Tecnologia Maglev no projeto do metrô de Curitiba

Capítulo 5
Outros Custos de Implantação

Neste capítulo serão tratados os custos relativos aos outros itens, que representam 37% dos custos totais de implantação.

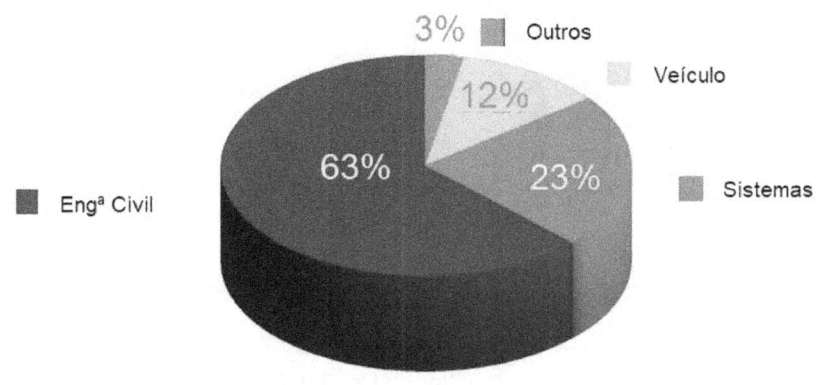

Fig. 5.1 – Outros Custos de Implantação

5.1 – Sistemas

Depois da engenharia civil, o segundo grande custo está englobado como "sistemas" que no projeto do metrô de Curitiba é subdividido em cinco áreas: Rede Aérea, Alimentação de Energia, Telecomunicação, Sinalização/Controle e Sistemas Elétricos.

Como será demonstrado no capítulo seguinte, quando se tratar dos custos operacionais, a grande vantagem da levitação magnética está na redução do consumo de energia proporcionado no transporte dos passageiros, que tem imediato reflexo sobre os sistemas elétricos (subestações) e a alimentação de energia (rede aérea).

O segundo fator refere-se à telecomunicação, que dado os recentes avanços tecnológicos na área permite importantes reduções de custo.

Um novo redimensionamento expedito gerou uma redução potencial de 41% no orçamento total, de US$ 314 para US$ 186 milhões e nova redistribuição, sem alterar de forma significativa o peso de cada subdivisão.

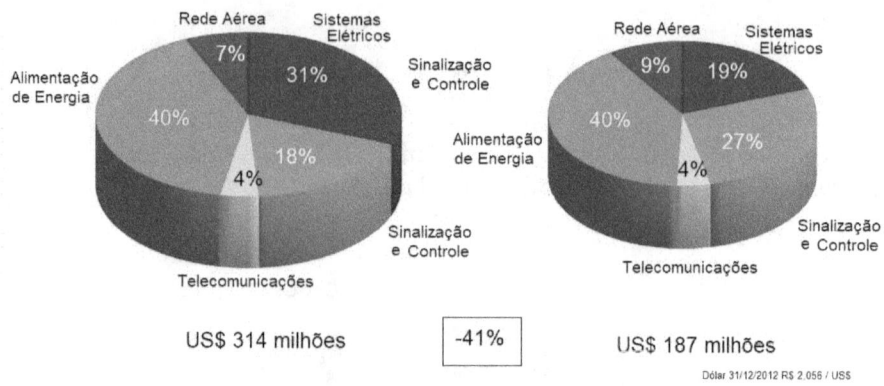

Fig. 5.2 – Redução de Custo em *Sistemas* pelo Maglev

5.2 – Veículo

O grande diferencial da tecnologia maglev está no veículo utilizado, que embora para o passageiro tenha uma incrível semelhança com os metrôs tradicionais, abaixo do piso é completamente diferente dos sistemas sobre rodas.

Embora exista um grande potencial de ganhos em projetos futuros, pela adoção da tecnologia de modular testada com êxito no Maglev-Cobra da UFRJ, trabalhando com materiais compósitos de baixo peso mas grande resistência mecânica, como os moldados com reforço em fibra de carbono, neste item será utilizado apenas os veículos produzidos e exaustivamente testados pela CRRC, o fabricante chinês.

Fig. 5.3 – Concepção e teste: módulo sobre a Base de Levitação [UFRJ, 2014]

Atualmente apenas dois outros países asiáticos fornecem veículos de levitação eletromagnética para o mercado da baixa e média velocidade: Japão e Coreia do Sul. Ou seja, não há um monopólio da tecnologia. Entretanto, o autor só teve a oportunidade de visitar e conhecer pessoalmente os detalhes técnicos dos trens produzidos pela CRRC, razão pela qual, nesta edição, dois modelos serão descritos.

5.2.1 - Modelo da CRRC em Changsha

Encontra-se desde maio de 2016 em operação regular, interligando o terminal de passageiro do Trem de Alta Velocidade Chagsha, uma cidade de mais de sete milhões de habitantes, ao Aeroporto Internacional, numa distância de 18,5 km. O *Changsha Maglev Express*, foi o primeiro trem de levitação magnética para baixa e média velocidade desenvolvido pelos chineses.

Fig. 5.4 – Interior do *Changsha Maglev Express* [fotos autor 31/7/17]

O trem pode atingir a velocidade de 120 km/h, se inscrever em curvas horizontais de 50 m de raio e vencer rampas de 7% de inclinação. Essas características o tornam ideal para o meio urbano e não podem ser superados pelos veículos metroferroviários disponíveis no mercado.

Fig. 5.5 – Raio mínimo 50 m Rampa máxima 7%

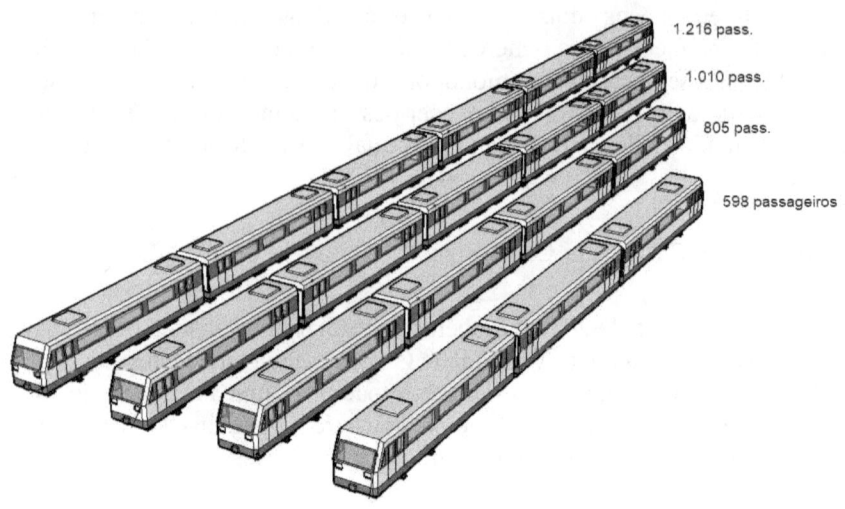

Fig. 5.6 – Capacidade variável de 598 até 1.216 passageiros

O *Changsha Maglev Express* é fornecido em várias configurações, desde a mínima de três carros (duas cabines e um central) até seis carros (duas cabines e quatro centrais), permitindo que o veículo acompanhe o crescimento da demanda, mantendo a regularidade de horário.

5.2.2 - Modelo da CRRC em Tangshan

Os veículos produzidos pela fábrica de Tangshan são voltados para locais de grande demanda, compatível com os metrôs mais movimentados atualmente no Brasil. Encontram-se em linha de produção 60 unidades, para servirem no transporte suburbano na linha S1 da capital da China, em Pequim, numa distância de 10 km e operando a 100 km/h.

Trata-se de um veículo de três metros, mais largo 20 cm do que o *Changshan Maglev Express*, e com uma configuração interna metroviária, permitindo configuração capaz de transportar até 2 mil passageiros por trem.

Ambos veículos utilizam o mesmo motor linear e a mesma base de levitação, fornecido por outra fábrica da CRRC, neste caso a Ranhuzou Eletric Co., o que abre uma possibilidade do Brasil criar seu próprio *design*, até mesmo com as características da multiarticulação do Maglev-Cobra da UFRJ (que foi concebido e patenteado pelo autor) há mais de 10 anos.

Este modelo, por ser mais pesado, tem limitação de rampa de 6%, porém o consumo energético para levitar é o mesmo: 1,6 kW/tonelada.

Fig. 5.7 – Interior do Maglev fabricado em Tangshan

Fig. 5.8 – Maglev na linha de produção em Tangshan

Fig. 5.9 – Maglev longo de Tangshan em teste operacional

O projeto do metrô de Curitiba considera um veículo tradicional, tendo como referência o montado no Brasil, com componentes nacionais e importados, pela espanhola CAF (*Construcciones y Auxiliar de Ferrocarriles*).

O Custo previsto da frota para atender a demanda de Curitiba era de US$ 162 milhões, subdividido em duas rubricas: Aquisição do Material Rodante e Comissionamento.

Como a tecnologia de levitação magnética é uma novidade no mercado, admitiu-se, depois da experiência de visitar as duas fábricas da CRRC em Changsha e Tangchan e várias reuniões com o grupo comercial, que é factível, até como investimento de marketing, reduzir o preço de referência em 20%, para uma fronta capaz de atender à demanda prevista no projeto.

É claro que, em uma concorrência, esses valores podem sofrer alteração, para mais ou para menos. Porém, considerando a disposição chinesa em entrar no mercado de um país importante do mesmo grupo econômico (BRICS), admite-se esta hipótese como muito provável. Portanto, o custo da frota neste item *Veículo* seria de US$ 129,5 milhões.

5.3 – Outros Custos

Este item embora represente apenas 3% do custo projeto, tem muita importância, porque foi devido a problemas nos estudos ambientais que a Justiça abortou a licitação do metrô de Curitiba. Depois, com uma nova administração municipal claramente favorável à continuidade do sistema sobre pneus, há uma paralisação completa.

Este item está subdividido em seis subitens: Bilhetagem, Prevenção e Combate a Incêndio, Equipamento de Manutenção, Estudos e Planos Ambientais, Remanejamento de Redes e Auditoria, o de maior valor e correspondente a 39% do custo do item.

Examinado detalhadamente cada item do projeto do metrô de Curitiba, percebe-se que na possível mudança tecnológica para a levitação magnética, alguns orçamentos deveriam ser mantidos integralmente, como a Prevenção e Combate a Incêndio, com US$ 5 milhões e Remanejamento das Redes públicas que sofrem interferência pela construção do metrô, com US$ 2 milhões. Outros orçamentos deveriam ser até aumentados, como o que trata dos Estudos e Planos Ambientais de US$ 2,2 para US$ 4,4 bilhões.

A justificativa para dobrar este orçamento é devido ao rigor da legislação brasileira na questão ambiental. Qualquer negligência neste tópico pode gerar uma denúncia de qualquer ONG (Organização Não Governamental) interessada no setor e acarretar pela Justiça um embargo da obra ou até mesmo sua licitação, como aconteceu no metrô de Curitiba. Estudos e Planos Ambientais não são itens para se fazer economia, têm um peso muito pequeno no orçamento total, mas são pontos extremamente sensíveis; é melhor buscar economia na engenharia civil, regida pelas leis da Física Clássica, lógicas e mais fáceis de se trabalhar com uma equipe de bons engenheiros – que é a proposta deste livro.

Um item que foi proposto uma redução de 20% no orçamento, de US$ 6 para US$ 4 milhões, trata da bilhetagem, pelo que se observou no metrô chinês. Além do cartão magnético, na venda de passagem individual, em vez de uma ficha impressa com tarja magnética, a máquina de venda de bilhete emite uma moeda de plástico (provavelmente com um chip interno), que dá acesso à roleta de entrada e é devolvida ao passageiro. No final da viagem, para sair da estação, deve ser inserida na roleta para liberar a passagem, ocasião em que fica retira. Vai depois alimentar novamente as máquinas de venda. Imagine, a grande economia que se faz na impressão de papel, diante dos números chineses?

Um item que se considerou grande economizador de recursos pela substituição da tecnologia roda trilho pelo maglev refere-se aos equipamentos de manutenção de pátios e oficina, porque na levitação magnética não há trilhos, rodas, motores rotativos, rolamentos e todos equipamentos veiculares que trabalham intensamente com fricção. O campo magnético não sofre desgaste. Portanto, o orçamento previsto de US$ 9,6 milhões para Equipamentos de Manutenção sofreu uma redução de 70%, para US$ 2,9 milhões,

O item que se considerou o maior economizador refere-se às Certificações e Auditoria. Primeiro porque a tecnologia de levitação magnética, considerada um montrilho, não se sujeita às normas ferroviárias, uma vez que seu desempenho e segurança não têm relação alguma com o trem comum. É inútil seguir normas técnicas emitidas por associações que não são específicas da levitação magnética, o engenheiro ferroviário responsável não terá este guarda-chuva de segurança, assumirá a responsabilidade como profissional, como prevê a legislação. Ninguém é obrigado seguir normas técnicas defasadas tecnologicamente e qualquer exigência de edital deve ser denunciada como direcionamento da concorrência. Normas técnicas não devem ser impeditivos para a evolução tecnológica no setor dos transportes, ou estaríamos usando carroças até hoje.

Neste mesmo item, no que se refere à Auditoria, a simples leitura do noticiário político e policial dos jornais indicam que mais orçamento para auditoria não exime de sobrepreço e recontratações das obras licitadas. Como o projeto de implantação do Maglev Metropolitano preconiza uma PPP (Parceria Público Privada), serão os investidores privados os melhores auditores. Portanto, propõe-se uma redução de também 70% neste item, de US$ 16 para US$ 4,8 milhões.

O resultado final indica uma redução de 41% neste item *Outros*, saindo de US$ 40,7 milhões no projeto do metrô roda trilho de Curitiba para US$ 23,8 milhões pela eventual substituição pela levitação eletromagnética.

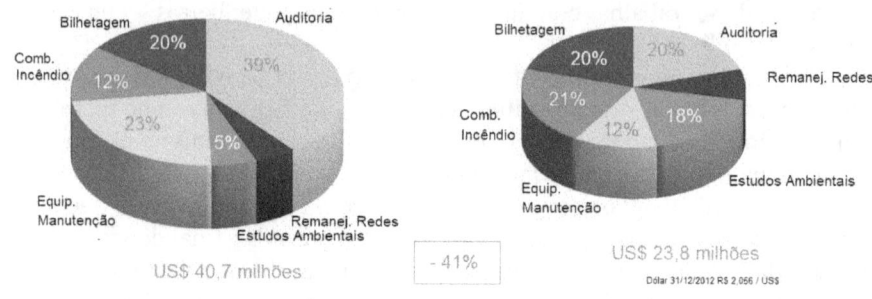

Fig. 5.10 – Nova Distribuição dos "Outros Custos" pelo Maglev

5.4 - Conclusões

Reunindo as informações deste capítulo com as do capítulo anterior, é possível atualizar o gráfico original do custo total do projeto do metrô de Curitiba, orçado em US$ 1,4 bilhão para um novo valor, decorrente da substituição do sistema metroferroviário tradicional pelo sistema de levitação eletromagnética.

A economia gerada é substancial, 46% sobre o projeto original, que na levitação magnética totalizando US$ 750 milhões.

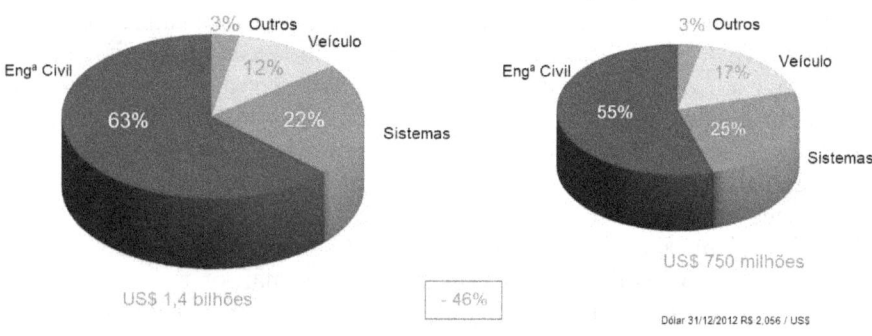

Fig. 5.11 – Novo Metrô de Curitiba com Levitação Eletromagnética

Capítulo 6
Importante para o Futuro é o Custo Operacional

No transporte sobre trilhos a economia de investimento no curto prazo significa sempre custo mais elevado no longo prazo, sendo a diferença entre tarifa e custo o que permite ser um sistema de transporte competitivo em relação à concorrência, numa economia sem subsídios. Um exemplo claro é o uso das chamadas "locomotivas de auxílio" em trechos de quebra de tração, em vez de alongar a linha e reduzir sua inclinação. É uma economia de curto prazo nas obras, mas deseconomia no longo prazo na operação.

 No transporte sobre pneus esta percepção não é tão clara porque as limitações de rampa são menores e ônibus é muito flexível. Numa comparação direta de custo de oportunidade de investimento o transporte sobre tilhos sempre perde. Principalmente quando se propõe o transporte sobre pneus, em vias segregadas e ônibus articulados ou biarticulados (BRT). É sem dúvida uma solução barata, de implantação rápida que não ameaça os operadores tradicionais do transporte por ônibus. Mas é uma economia de investimento temporária e deseconomia operacional para sempre, evidente quando se compara o custo energético de transportar um passageiro ao longo de um quilômetro (passageiro-quilômetro ou pkm) de várias modalidades alternativas.

 Para possibilitar esta comparação, em vez de se trabalhar com fórmulas empíricas e referências internacionais, é melhor adotar os conceitos indiscutíveis da *Física Clássica*. Geralmente, para comparar veículos rodoviários com motor a combustão interna (diesel), adota-se um fator de conversão que relaciona a unidade de energia mecânica do SI em *Joule* com o consumo em litros/km, levando em conta o baixo rendimento energético desses motores em comparação com a tração elétrica. Por esta razão os valores para os ônibus comuns e os articulados do BRT da Tabela 1 apresentam valor mais baixo do que geralmente se divulga em trabalhos acadêmicos, tomando como referência as publicações da AIE – Agência Internacional de Energia, órgão criado a partir de 1973 pela OCDE – Organização para Cooperação e Desenvolvimento Econômico. Portanto, a comparação energética está altamente favorável aos ônibus.

 Para permitir um valor inicial de referência, foi organizada uma planilha, utilizando fórmulas mecânica da Cinemática e da Dinâmica, concluindo com a quantidade de energia em mil Joules (unidade de energia do Sistema Internacional - SI) por passageiro-quilômetro (kJ/pkm), para o ônibus comum (parando a cada 500m), ônibus articulados em corredores BRT (a cada 750m) e, ainda sobre pneumáticos, o monotrilho adotado na cidade de São Paulo (a cada 1.000m). Sobre trilhos de bonde com ranhura no boleto, o VLT como o BRT (a cada 750 m), sobre trilhos tipo Vignolle (comum) o metroferroviário e sobre campos magnéticos o Maglev (ambos a cada 1.000m).

Esta metodologia permite modelar vários resultados alterando e ajustando o valor de cada variável, por exemplo, para uma pesquisa operacional, variando a taxa de ocupação do veículo, um dado importante porque no transporte público, nos horários de maior movimentação, os fluxos são desequilibrados: pela manhã dos bairros para o centro e no início da noite do centro para os bairros. Serve também para o planejamento construtivo, ao estudar o melhor design veicular, reduzindo sua tara (peso próprio vazio), utilizando materiais compósitos, mais leves e mais caros, como tem feito a indústria aeronáutica com a finalidade de economizar combustível.

6.1 – Classificação dos Custos Operacionais

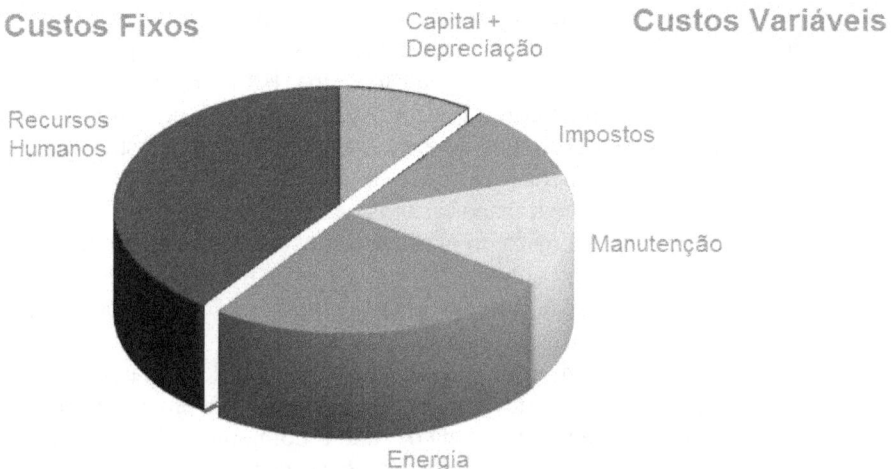

Fig. 6.1 – Estimativa do Custo Operacional do Transporte Público

No Brasil não existe uma norma oficial para a elaboração de planilhas de custo operacional do transporte público. Cada município organiza a sua própria planilha e a pesquisa realizada pelo autor indicou uma grande variação de conceitos, acarretando uma grande variação tarifária, embora os insumos básicos como salários, combustível, pneumáticos, peças de reposição, taxa de juros de financiamento apresentem pouca variabilidade. Além disso, custo é uma informação sigilosa e nos balancetes contábeis a classificação é também despadronizada. Portanto, para analisar esta importante questão é preciso aceitar margem de erro, pontos de vista variados e a inverdade sempre presente – porém é um tema que não pode ser ignorado para o planejamento do transporte público ao se tratar do segundo fator de decisão quanto à escolha modal (depois da rapidez), como demonstrou estudo do IPEA.

Custos fixos independem da quantidade de passageiros transportados são, no curto prazo, o custo de mão de obra (recursos humanos) e os custos de capital (remuneração e depreciação). Custos variáveis dependem da quantidade de passageiros transportados, são o consumo de energia, a manutenção e os impostos incidentes sobre insumos e faturamento. No detalhe, muitos custos considerados fixos são na verdade semi-variáveis, como por exemplo, a incidência de hora extra no custo de pessoal, decorrente do aumento da carga de trabalho. Estima-se que os custos fixos e custos operacionais se igualem no transporte público, admitindo uma margem de erro em torno de 20%, decorrente de características locais e interpretação particularizada das rubricas.

Nas pesquisas realizadas sobre metodologias de custo adotadas em várias cidades para fixação das tarifas, mereceu destaque pela clareza de informações a da cidade de Londrina, no interior do Paraná, uma cidade de mais de 550 mil habitantes, bem administrada e numa região rica do Brasil.

Como mais 85% do transporte público no Brasil é realizado por ônibus e, no caso de implantação do metrô de levitação magnética, logo deve ser adotado um sistema de integração modal, analisar os custos do sistema sobre pneus é importante. A figura mostra a distribuição dos custos para fixação tarifária, a partir de primeiro de janeiro de 2017 em Londrina:

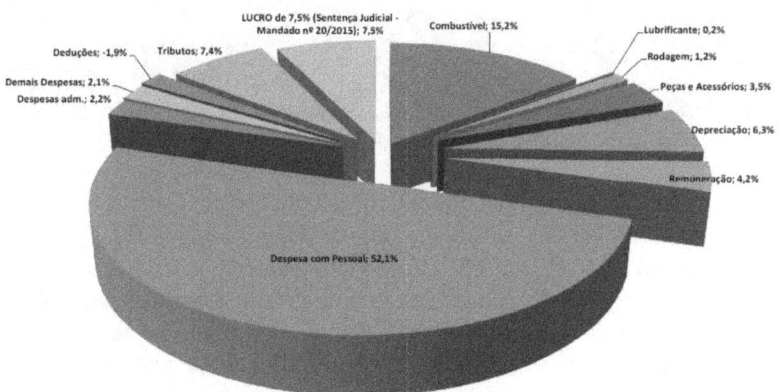

Fig. 6.2 – Resultado da Planilha de Custo para Tarifa de Ônibus em Londrina

Observa-se o grande peso do custo de pessoal, 52,1%. No entanto, em outras cidades, este custo é misteriosamente menor. O custo de remuneração do capital e depreciação em Londrina somam 10,5%, que somado ao anterior resulta em 62,6% de custo fixo, demonstrando que há pouca flexibilidade para redução tarifária no transporte público se não houver mudança tecnológica.

Para uma estratégia de implantação de transporte metroviário com base em levitação magnética, esta rigidez não é um mal; ao contrário, permite atrair empresários do setor de transporte para o novo negócio mais lucrativo, por ter custos menores, facilitando uma futura integração.

6.2 - Recursos Humanos

Um veículo de levitação magnética de alta velocidade com motor linear de primário longo, como é o caso do Transrapid, não necessita maquinista, pois é tecnicamente inviável chocar dois trens no mesmo circuito elétrico. Porém, no caso do maglev para média e baixa velocidade utilizado na China, prevê-se a utilização de maquinista no trem, uniformizados como se fossem pilotos de avião.

Fig. 6.3 – Estação Terminal *Expresso Maglev* em Changsha (China, 31/7/17)

     A utilização de condução automatizada (*drive* less) em metrôs é uma tecnologia dominada e bem sucedida, como demonstra a experiência da Linha Amarela do metrô de São Paulo. Mas desde os primórdios de sua implantação no Brasil, em meados da década de 70, a condução é automatizada, embora exigindo a presença do maquinista, que assume o comando se necessário. Não tem sentido, portanto, em um projeto moderno utilizar este sistema antigo; a condução deve ser automatizada, porque é um importante fator de redução do custo de pessoal. No segmento do transporte público rodoviário, o motorista e os cobradores constituem o principal fator de custo. Para reduzir seu impacto sobre a tarifa, usa-se veículos com maior capacidade do que o chamado "padrão", semiarticulados e articulados.
     Com o aumento da terceirização, muitas vezes o custo de pessoal da atividade de transporte fica camuflado na atividade de serviços, razão pela qual sua determinação é difícil pela simples análise de balancetes.
     Portanto, pela simples adoção da levitação magnética, apenas neste item de custo de pessoal pode-se esperar uma redução de 50% em relação ao mesmo custo do maior concorrente (ou complementador), o transporte rodoviário.

6.3 - Custo de Capital

Trata-se de um custo muito importante no Brasil pela taxa de juros para investimentos. No caso do transporte rodoviário, o custo de depreciação é superior ao do transporte sobre trilhos pela relativamente rápida degradação do veículo em comparação com o transporte sobre trilhos, com uma vida útil de cinco a sete vezes superior.

Os trens da primeira linha do metrô de São Paulo e do Rio de Janeiro, continuam operado com a mesma confiabilidade, depois de de quarenta anos de uso diário. Portanto, pode-se esperar uma importante redução de custo neste item "depreciação", na levitação magnética.

Se, por exemplo, a vida útil de um ônibus for 15 anos, a depreciação do maglev, com o triplo da vida útil, será equivalente a 1/3; se adotada uma vida útil de 10 anos, a depreciação do Maglev passa ser de ¼.

No que se refere à taxa de juros, o BNDES tem uma linha de financiamento de juros subsidiados para renovação constante da frota urbana do transporte público sobre pneus. Existe também um mercado secundário, das cidades menos habitadas, que adquirem ônibus usados das grandes capitais e até um mercado terciário de cidades de interior, que atendem mercados de baixa densidade e distribuídos em áreas extensas, trafegando muitas vezes por estradas não pavimentadas, poeirentas no verão e enlameadas no período de chuvas. Portanto, a taxa de juros neste mercado, é abaixo da Selic, aproximando-se da TJLP (Taxa de Juros de Longo Prazo), utilizadas para remunerar financiamento de interesse público.

Agregando os dois componentes, pode-se de forma conservadora, assumir que a adoção da levitação magnética pode proporcionar uma redução de custo de 50% neste item.

6.4 - Energia

É o primeiro grande item que diferencia a tecnologia de levitação magnética em comparação com a tecnologia sobre rodas (de aço ou pneumáticas). A primeira questão sobre a tecnologia logo surge: o consumo de energia para levitar, gasto inexistente no transporte sobre rodas.

De acordo com informações do fabricante chinês, há um consumo constante de 1,6 kW/t para manter a base de levitação entre 8 e 12 mm sem contato físico, horizontal e verticalmente. Mas este custo energético é compensado, pelas vantagens decorrentes da ausência de fricção entre superfícies, tema que merece uma análise mais detalhada.

Antes de utilizar as fórmulas da Mecânica Clássica e da Cinemática, é interessante recapitular alguns conceitos. Será adotada a linguagem mais simples possível para que o conceito seja compreensível para qualquer leitor.

6.4.1 – Resistência ao Rolamento

A resistência do rolamento, um conceito da *Física Clássica*, surge quando um corpo roda sobre uma superfície, deformando um deles ou ambos. Na literatura de engenharia de transporte encontra-se facilmente valores tabelados da *resistência ao rolamento*, que permite calcular a força necessária (em Newtons) para deslocar uma tonelada de massa.

A grande vantagem da ferrovia, com sua roda de aço rodando sobre uma via também de aço (trilho), é a baixa resistência oferecida, comparada por exemplo, com um veículo sobre pneumáticos em uma pista de concreto ou cimento, devido à maior deformação dos pneus como do asfalto (pavimento flexível) e até do próprio concreto. A pressão dos pneus é crítica neste aspecto, quanto maior, menor a resistência ao rolamento. Uma verificação prática que qualquer pessoa pode fazer, basta empurrar seu carro num mesmo trecho com os pneus cheios e depois tentar fazer a mesma coisa com os pneus vazios. Esta diferença de esforço é devido à Resistência do Rolamento.

Para determinar este esforço, adota-se o Coeficiente de Rolamento, dado em Newton por tonelada ou quilograma – neste livro vamos adotar N/t.

Tabela 6.1 – Coeficiente de Resistência ao Rolamento (N/t)

Especificação	Coeficiente
Ônibus (ou BRT), pneu sobre asfalto	0,03
Monotrilho Paulista, pneu sobre concreto	0,015
VLT, roda de aço sobre trilho de bonde	0,0075
Metroferroviário, roda de aço sobre trilho	0,005
Maglev, levitação eletromagnética	0,0005

Fonte: pesquisas acadêmicas na Internet organizadas pelo autor

6.4.2 – *Peso morto*

Uma questão importante em qualquer sistema de transporte é o custo do peso morto. O sistema mais utilizado para transportar massa (matéria, não informação ou energia) de um ponto a outro é o sistema dutoviário, onde toda a energia é aplicada na massa a ser transportada e não na embalagem.

Pesquisas indicam que a ocupação de um automóvel andando lentamente na hora do *rush*, em qualquer cidade do mundo fica entre 1,1 e 1,3 passageiro/veículo.

Admitindo um passageiro pesando 70kg (média usadas nos elevadores brasileiros para calcular o peso) e um automóvel médio pesando 850kg. Toda energia aplicada para movimentar o veículo será sobre a massa total: (850+70*1,2) = 934kg. Se o motorista desse carona, ou seja, dois passageiros no carro, a relação ficaria melhor: (850+70*2)/2 = 495kg. Com a lotação completa do carro, cinco passageiros, seria ainda melhor: (850+70*5)/5 = 240 kg, indicando a formação de um algoritmo muito simples.

Quanto menor a tara do veículo e maior a taxa de ocupação, melhor a relação, ou seja, menos energia, medida em Joules, teremos de aplicar para movimentar cada passageiro. E isso é muito importante para estabelecer políticas de transportes públicas voltados para a economia de energia, um custo variável, portanto administrável.

Talvez este conceito isolado pareça confuso, mas quando as várias modalidades de transporte forem comparadas, variando a taxa de ocupação, sua importância ficará clara.

6.4.3 – Conceitos de Cinemática

Todo transporte público parte do repouso, ou seja, com velocidade inicial zerada (Vi=0). Acelera durante um certo tempo até a atingir a velocidade máxima permitida pelo veículo ou pelo sistema onde está transitando. Na zona urbana dificilmente a velocidade pode chegar a 50 km/h, mas num sistema isolado, como o ferroviário, o limite é dado pelo equipamento pois a via permanente é preparada exatamente para isso. A taxa de aceleração depende de cada equipamento.

Atingida a velocidade máxima, deixa-se de acelerar, passando a velocidade a ser constante (Vc=Vmáx). Mas, como a ação do movimento implica a geração de uma resistência (ao movimento, do ar, mecânica, da gravidade etc.) é preciso sempre acelerar, mas para manter a velocidade constante e não aumentá-la.

Nas proximidades do ponto de parada, usa-se uma aceleração negativa para zerar velocidade constante, freando ou simplesmente deixando de acelerar e permitindo que o somatório das a resistência ao movimento imobilizem o veículo.

As variáveis que precisaremos sempre para trabalhar, será a distância total entre pontos de parada (Dt), medida em metros; a velocidade máxima (Vm), média em metros/segundo e a taxa de aceleração e desaceleração, ou de frenagem (a ou f), medida em metros por segundo (m/s^2).

Um gráfico velocidade x distância, ou seja, assinalando no eixo vertical a velocidade e no eixo horizontal as distâncias, tem a seguinte forma:

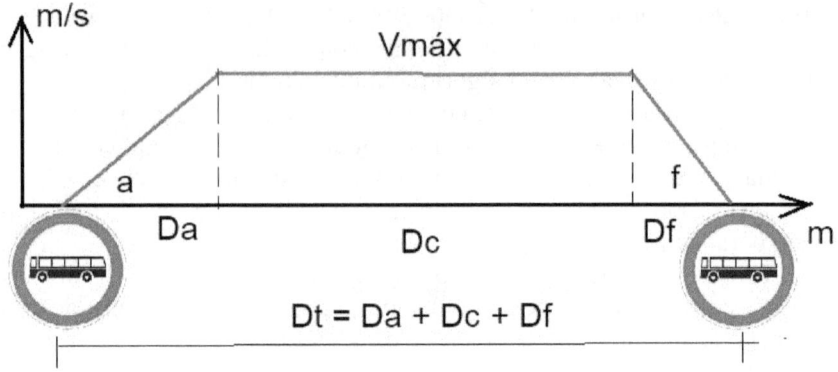

Fig. 6.4 – Gráfico Velocidade x Distância

A Distância Total entre os dois pontos (de ônibus, metrô, monotrilho etc.) é a soma das distâncias em que o veículo está acelerando do repouso até atingir a velocidade máxima (Da), somada com a distância em que viaja na velocidade máxima, ou velocidade constante (Dc) mais a distância em que está reduzindo da máxima para o repouso, ou seja, frenando (Df). A taxa de aceleração (a) e a taxa de frenagem (f) depende do veículo e é sempre dada.

Para se calcular a distância Da, Dc e Df é necessário saber o tempo em que o veículo fica acelerando (Ta), em que fica na velocidade constante (Tc) e, finalmente, o tempo que leva desacelerando (Tf), facilmente calculado pelas fórmulas:

$$Ta = Vmáx / a$$

$$Tf = Vmáx / f$$

Obtido esses valores, da fórmula deduzida por Galileo Galilei, consegue-se facilmente as distâncias acelerando e frenando:

$$Da = a * Ta^2 / 2$$

$$Df = a * Tf^2 / 2$$

$$Dc = Dt - Da - Df$$

Dc não pode ser negativo, pois significa que a velocidade máxima não pode ser antigida. Quando Dc = 0, a velocidade neste instante passa a ser a máxim. Por isso estamos tratando de um algo timo e não simples aplicação de fórmulas. Numa planilha resolve-se isso facilmente e conseguimos obter além de Da, Df e Dc, também Ta, Tf e Tc.

6.4.4 – Conceitos de Dinâmica

Pedindo a ajuda agora de Isaac Newton, vamos usar seus conceitos. Primeiro o de força.

Força = massa x aceleração. Aceleração é fácil, é sempre dada. Mas qual a massa? Será a massa total do passageiro acrescida da carga. No exemplo do carro, se ele estiver vazio a "embalagem" é a massa (ou peso) do carro; se estiver lotado é este peso rateado por cada passageiro, ou seja, a tara média.

O algoritmo para calcular esta força em função da taxa de ocupação do veículo é calcular primeiro o valor desta força admitindo o veículo lotado. No exemplo do automóvel, o valor mínimo é 20% (só o motorista) e o máximo sempre será 100% (cinco ocupantes no carro médio). Depois, ir variando a taxa de ocupação.

Num ônibus de 100 lugares vazio, o motorista é o único passageiro e a taxa de ocupação 1%. O custo dispara, porque quem paga tudo é o empresário, o patrão do motorista. Esta é a razão porque os empresários tiram ônibus de circulação fora do horário do pico, aumentando o intervalo entre eles, o que aumenta o tempo de espera, o que estimula o passageiro para o transporte individual. Quando se usa ônibus articulados o custo da baixa ocupação cresce. Explica porque muitas cidades, pensando fazer economia, adotando BRT ou os *Super Bus,* que é um BRT mas sem faixa segregada, aumentam os custos e por consequência a tarifa. Às vezes a melhor solução é o *dowsinzing*, reduzir o tamanho e o custo do veículo, usando até uma rede de *Vans*. Transporte pulico é coisa séria, tem muito fundamento e todo apoiado na Física e Economia *Clássicas*.

Um conceito fundamental que Newton herdou de Galileo, foi o de inércia. Para tirar uma massa do repouso e dar-lhe aceleração é necessário aplicar uma força, que no Sistema Internacional (SI), a unidade é Newton (N). Então:

$$1 \text{ N} = 1 \text{ kg} * 1 \text{ m/s}^2$$

Só no vácuo um veículo reagiria a uma força de 1N, na prática não acontece nada, porque a resistência ao rolamento se impõe. É preciso ir aumentando a força até o veículo começar a se mover, é onde entra a aplicação do coeficiente de rolamento, característico do veículo, por exemplo, ônibus em asfalto, monotrilho sobre pneus numa viga de concreto, os metroferroviários e o maglev, que tem uma resistência quase que desprezível (1/10 da resistência do metroferroviário). O valor desta força, que se opõe ao rolamento, é dada pelo produto da massa (uma tonelada) pelo coeficiente de rolamento (da tabela 6.1) pela aceleração da gravidade, admitindo (g = 9,82 m/s^2):

Tabela 6.2 – Resistência ao Rolamento

Veículo	Unidade	Coef.RR	RR
Ônibus ou BRT	N/t	0,03	295
Monotrilho	N/t	0,025	246
VLT	N/t	0,008	74
Metrô	N/t	0,005	49
Maglev	N/t	0,0005	5

Observa-se uma nítida vantagem da roda de aço sobre o trilho de aço, em relação ao pneumático sobre asfalto ou concreto e a grande diferença do Maglev, que não tem atrito.

Para o algoritmo tem-se então duas informações importantes, a Força para vencer a inércia e a Força para vencer a resistência ao rolamento, que serão importantes para determinar o cálculo da energia.

Trabalho, medido em Joules, unidade da Física Clássica no SI, é o produto da Força pela distância.

$$1 \text{ J} = 1 \text{ N} * 1 \text{ m}$$

Energia, medida em Watt, unidade da Física Clássica no SI, é o Trabalho realizado na unidade de tempo (segundo).

$$1 \text{ W} = 1 \text{ J} / \text{s}$$

Na levitação eletromagnética, há um consumo de energia para levitar uma tonelada, dado pelo fabricante como 1.600 W. Ou seja, para levitar uma tonelada de massa há um consumo de energia equivalente a 16 lâmpadas de 100 W.

Na levitação supercondutora, como do Maglev-Cobra da UFRJ, não há consumo de energia algum. Enquanto o supercondutor estiver na temperatura de ebulição do nitrogênio (-195,8°C) flutua num campo magnético de 1Tesla (campo fortíssimo). Porém, para se manter este supercondutor refrigerado, há consumo de energia. No caso do projeto da UFRJ usa-se um criostato (uma espécie de garrafa térmica) cheia de nitrogênio líquido, que é muito barato em grande quantidade (1 dólar/litro) que vai evaporando. Quando o criostato fica vazio, o supercondutor aquece e deixa de haver o chamado *Efeito Meissner*.

No atual estado da tecnologia, o Maglev-Cobra fica parecendo uma locomotiva a vapor, que para começar a trabalhar precisava estar previamente aquecida, que levava umas 4 a 6 horas. No caso seria um aquecimento negativo, ou refrigeração, que consome pelo menos umas duas horas para completar o nível de todos os criostatos.

Na levitação eletromagnética não existe este problema. Como no caso das locomotivas elétricas e diesel-elétricas. Basta dar-lhe energia que começam logo a funcionar. Portanto, atualmente, em nome da praticidade, a levitação eletromagnética se sobrepõe.

6.4.5 – Consumo de Energia

A partir desses conceitos simples da Física Clássica monta-se uma planilha que permite realizar estudos interessantes. É um simulador simples (no mercado existem outros sofisticados), mas é acessível a qualquer pessoa. O autor, mediante solicitação, pode enviar a cada leitor a que foi utilizada para organizar as tabelas deste livro.

A questão fundamental refere-se à eficiência energética de cada sistema. Para os veículos movidos a energia elétrica, com monotrilho sobre pneus, VLT, os metroferroviários e o Maglev, adotou-se a mesma eficiência energética, de 85%. Para os veículos tracionados com motores diesel, como os ônibus e os BRT, adotou-se, de forma simplificada, uma eficiência energética de 30%. Ou seja, a fonte energética primária (usinas hidrelétricas ou térmicas), perdem 25% pela eficiência no sistema metroferroviário e de monotrilho, enquanto na conversão do poder calorífero do óleo diesel ao passar pelo ciclo Otto e ser transformado em energia mecânica, a perda é de 70%. Desta forma, fica simples a conversão da energia final do ônibus e BRT em litros de diesel por passageiro-quilômetro.

Tabela 6.3 – Consumo de Energia (kJ/p.km)

Lotação	Ônibus	BRT	Monotr	VLT	Metrô	Maglev
100%	6,12	10,97	2,76	2,74	2,59	2,63
90%	16,60	11,23	2,87	2,89	2,77	2,77
80%	17,26	11,57	3,01	3,09	3,00	2,95
70%	18,10	12,00	3,19	3,34	3,29	3,18
60%	19,22	12,57	3,43	3,68	3,68	3,49
50%	20,79	13,37	3,77	4,15	4,22	3,93
40%	23,15	14,57	4,28	4,86	5,03	4,58
30%	27,08	16,57	5,12	6,03	6,39	5,66
20%	34,93	20,57	6,81	8,38	9,10	7,83
10%	58,50	32,57	11,88	15,44	17,24	14,33

Pela reduzida eficiência energética dos motores de combustão interna em comparação com os motores elétricos, há uma grande diferença de consumo. Destaca-se no conjunto o Monotrilho sobre pneus, justificando, no aspecto energético a decisão dos técnicos do metrô de São Paulo pela sua adoção, além de se pensar na ocasião que seria uma obra mais rápida e barata do que o metrô. A explicação está no fabricante ser a canadense Bombardier, fabricante de aeronaves, que incorporou no monotrilho sua expertise e conseguiu fazer o veículo de melhor relação tara por passageiro: 105 kg; muito próxima à do Maglev CRRC fabricado em Tangshan com 104 kg.

Tabela 6.4 – Consumo de Energia (kJ/p.km) com Maglev Leve

Lotação	Ônibus	BRT	Monotr	VLT	Metrô	Maglev
100%	8,04	10,97	2,33	2,74	2,59	2,00
90%	16,60	11,23	2.44	2,89	2,77	2,10
80%	17,26	11,57	2,58	3,09	3,00	2,20
70%	18,10	12,00	2,76	3,34	3,29	2,30
60%	19,22	12,57	3,00	3,68	3,68	2,50
50%	20,79	13,37	3,34	4,15	4,22	2,80
40%	23,15	14,57	3,85	4,86	5,03	3,20
30%	27,08	16,57	4,69	6,03	6,39	3,80
20%	34,93	20,57	6,38	8,38	9,10	5,10
10%	58,50	32,57	11,45	15,44	17,24	9,00

Tabela 6.5 – Energia (kJ/p.km) com Maglev = 1

Lotação	Ônibus	BRT	Monotr	VLT	Metrô	Maglev
100%	4,02	5,49	1,38	1,37	1,30	1,00
90%	7,96	5,39	1,37	1,39	1,33	1,00
80%	7,86	5,27	1,37	1,41	1,37	1,00
70%	**7,76**	**5,14**	**1,37**	**1,43**	**1,41**	**1,00**
60%	7,63	4,99	1,36	1,46	1,46	1,00
50%	7,48	4,81	1,36	1,49	1,52	1,00
40%	7,30	4,60	1,35	1,53	1,59	1,00
30%	7,09	4,34	1,34	1,58	1,67	1,00
20%	6,82	4,02	1,33	1,64	1,78	1,00
10%	6,48	3,61	1,32	1,71	1,91	1,00

Observa-se que no valor médio adotado pelo mercado, ou seja uma lotação de 70%, em relação ao Maglev o consumo energético físico do ônibus comum é 7,7 vezes maior; no BRT 5 vezes, por se tratar de modalidades de transporte que usam motor de combustão interna de baixa potência. Esta é a razão porque começam a surgir no mercado ônibus elétricos, com sistema de acumulação de energia através de banco de capacitores, que dispensa a rede aérea dos antigos ônibus elétricos, ou mesmo usando banco de baterias com autonomia de 300km – aproximadamente a quilometragem diária de 20 horas de trabalho (média 15 km/h).

Fig. 6.6 – Ônibus da CTC-Rio da década de 60 e o novo com banco de baterias

Em relação ao transporte metroferroviário e do monotrilho sobre pneus em implantação na capital paulista, o Maglev otimizado para redução da sua tara, teria potencial de uma redução do consumo energético em torno de 40%.

Como, atualmente, fornecendo veículos com a tecnologia de levitação magnética só existem três países orientais (China, Japão e Coreia do Sul), há um campo interessante para desenvolvimento brasileiro.

Se a brasileira Embraer, por exemplo, maior concorrente mundial da Bombardier no segmento aeronáutico, tivesse interesse no mercado de transporte terrestre e utilizasse sua expertise para produzir veículos mais leves, mesmo que assentados sobre a pesada e resistente base de levitação chinesa, o Brasil seria imbatível neste novo e promissor mercado.

Melhor ainda se este Maglev Otimizado tivesse o motor linear (primário) não no veículo, mas na linha (como no *Transrapid*). Seria muito mais leve e não necessitaria rede área, pantógrafo etc., por outro lado aumentaria muito o custo construtivo pela quantidade de cobre ao longo da via. Porém, como a frequência de trens metropolitanos é muito grande, de 90 segundos a 3 minutos, esta maior solicitação pode justificar o investimento inicial para conseguir uma economia ao longo da vida útil do projeto que pode chegar a séculos.

Como este livro é fundamentalmente teórico, destinado a instigar a curiosidade do pesquisador e do interessado no transporte metropolitano, será desenvolvida com o auxílio da planilha de simulação esta alternativa: motor linear de primário longo, ao invés do fornecido pela CRRC de primário curto.

6.4.6 – Economia de Energia do Maglev

Como a fundamentação deste livro tem sido a comparação de um projeto de metrô de levitação magnética com o projeto do metrô de Curitiba, utilizando a mesma planilha da realizar simulações, com resultados interessantes.

Listou-se todas as estações projetados para Curitiba, simplificando a comparação admitindo que todas estariam no mesmo plano (sem desnível que pudesse beneficiar o maglev). Admitindo também a mesma velocidade máxima de 100 km/h e o mesmo rendimento energético de 85% e transformando a unidade de energia de kJ para kWh, onde 1kWh = 3,6 milhões de Joules e considerando que o passageiro vá da estação inicial até a final (21,7 km).

Tabela 6.6 – Consumo de Energia por Passageiro (kWh)

Lotação	Metrô	Maglev Atual	Maglev Otimizado	Maglev OtimizMLPL
100%	0,56	0,52	0,40	0,23
90%	0,60	0,55	0,42	0,24
80%	0,66	0,58	0,44	0,26
70%	0,73	0,62	0,48	0,27
60%	0,82	0,68	0,52	0,30
50%	0,95	0,76	0,58	0,34
40%	1,14	0,88	0,67	0,39
30%	1,46	1,07	0,83	0,48
20%	2,10	1,47	1,13	0,67
10%	4,03	2,64	2.05	1,21
Média	1,30	0,98	0,75	0,43

Em relação ao consumo energético do passageiro do metrô projetado para Curitiba na média de todas as taxas de ocupação, reflexo de uma movimentação de ida e volta, de 1,3 kWh o atual maglev proporciona uma economia de 25% e o Maglev mais leve de 42,4%.

O custo da energia elétrica para empresa metroferroviária privada é crucial, porque este insumo é fornecido por outra empresa privada. Quando se tratava de empresas públicas de ambos lados, havia uma tolerância em função do atendimento prioritário ao público. Mas as empresas privadas não têm a mesma visão (talvez nem possam ter).

Ambos lados estarem sujeitos à política energética do governo, que ajusta o preço do kWh em função da situação da geração predominante hídrica, 70% com chuvas normais, porém sujeita a períodos de estiagem imprevisível, quando então a geração passa a ser térmica, mais cara, em torno de 30%.

Para complicar a situação na área do transporte público, para tentar diminuir picos de demanda energética e diminuir o risco de apagão por sobrecarga do sistema, o governo aumenta o custo do kWh nos horários que são exatamente o pico do transporte, portanto com maior consumo. E a diferença é muito grande, cinco vezes em relação ao horário de baixo consumo, como de madrugada. O ideal, então, seria comprar energia elétrica durante a madrugada e armazená-la para ser usada nos momentos de pico, equilibrando o custo. Como fazer isso?

A levitação magnética dá a resposta através dos chamados *Fly Wheel*, armazenador cinético de energia. No caso de um Maglev de baixo peso e motor ao longo da linha, este investimento poderia ser viável. Com este sistema de armazenamento e suprimento instalado, toda frenagem do Maglev seria automaticamente regenerativa. Admitindo a regeneração de 50% desta energia na linha do Metrô de Curitiba, a redução de custo seria de 18%.

Esta tecnologia, embora antiga, ficou popular nos últimos anos devido à aplicação do chamado *KERNS (Kinetic Energy Recovery System)*, nos carros de Fórmula 1. É um caso a se pesquisar, desenvolver protótipos, aprender com os erros e implantar, porque a fundamentação teórica demonstra que teria um grande potencial de reduzir o custo e aumentar a qualidade do transporte público.

Complicando ainda mais, a tarifa do transporte público é controlada também pelo governo, ou seja, não é possível simplesmente repassar o custo adicional energético para a tarifa. Por outro lado, caso fosse repassado e mantida a qualidade, haveria risco de queda de demanda.

A privatização generalizada do transporte público, associada à queda da demanda pelo estímulo ao transporte individual e aumento crescente dos custos, estão levando as empresas concessionárias (apenas da operação, pois todo o investimento continua governamental) ao limite. O resultado são dívidas milionárias impagas e pedidos de falência, como foi o caso da Light Rio pedindo falência da Supervia, em dezembro de 2016, quando a tarifa de energia elétrica, reduzida à força no primeiro governo Dilma, subiu muito mais do que a inflação. A saída para evitar o caos foi um subsídio de US$ 12 milhões do governo do Estado do Rio de Janeiro à Supervia, aprovado pela Assembleia Legislativa, para quitar a dívida com a Light Rio e evitar que a tarifa ferroviária fosse reajustada em 10%, de US$ 0,92 para US$ 1,02.

Nada indica que o problema não vá se repetir futuramente, porque o problema crônico da energia para o transporte não foi resolvido pelo atual estágio tecnológico metroferroviário brasileiro. No entanto, a levitação magnética oferece oportunidade para o transporte público brasileiro, excessivamente caro para a renda de seus usuários do dia a dia.

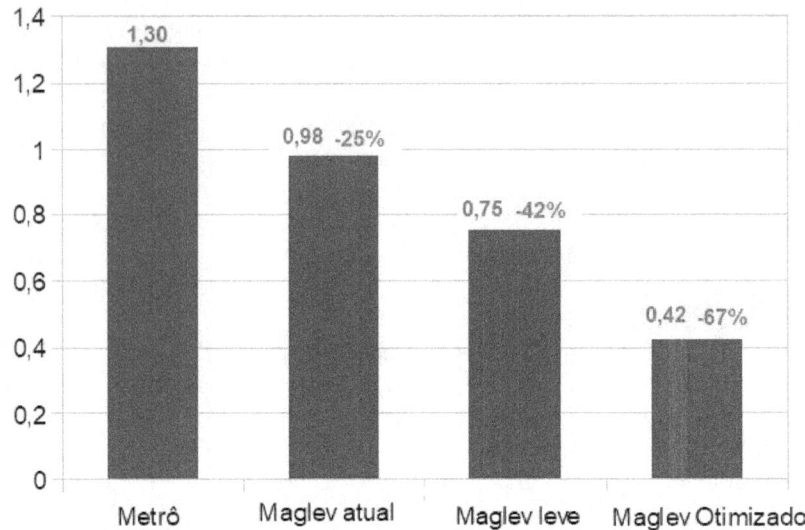

Fig. 6.7 – Redução do consumo de energia com a evolução do Maglev

6.5 - Manutenção

Um trem que não gasta rodas, trilho, rolamentos... porque não os tem, dá o que pensar. Para tal, vamos comparar o Maglev Metropolitano com seu maior concorrente, outro *Monotrilho*, mas sob pneus, como os que estão há vários anos construindo em São Paulo. É uma história interessante, apesar de um tanto triste para o bolso do bom pagador de impostos da capital paulista. Afinal de contas, o final desta história mais cedo ou mais tarde vai a ele.

Fig. 6.9 – Seção transversal do módulo de teste do Maglev-Cobra

Em 2009, foi realizada uma exposição em São Paulo do sistema de levitação supercondutora da URFJ, quando o autor lançou na capital paulista o livro "O Futuro das Estradas de Ferro no Brasil", título homônimo e em homenagem aos 150 anos do escrito pelo *Pai das Ferrovias no Brasil*, Cristiano Otoni, de 1859. Na ocasião, um alto dirigente da Secretaria Estadual de Transportes nos informou que o futuro seria do monotrilho "mais barato e mais rápido de ser implantado".

A realidade mostrou que não foi nem uma coisa nem outra; estão caros e demorados para serem implantados. As três linhas projetadas, com nomes inspirados nas medalhas das Olimpíadas Rio 2016 (ouro, prata e bronze).

Linha 15 – Prata, obras iniciada em 2011 e sem data certa ainda para terminar os 26,6km e 18 estações. Em 2014, nas vésperas das eleições municipais (30 de agosto), duas estações foram inauguradas: Vila Prudente e Oratório, para experiência e transporte gratuito, até o momento (de redação deste livro em agosto/2017) as únicas em operação, distantes 2,9km que não ajuda ninguém. Os equipamentos são de primeira qualidade, desenvolvidos pela canadense Bombardier e montados em Hortolândia, no interior do estado. Um projeto atualmente estimado em R$ 6,4 bilhões – mas tem aumentado.

Linha 17 – Ouro, para ligação do aeroporto de Congonhas à rede metroferroviária, teve edital publicado em novembro de 2009, obras iniciadas em 2011, interrompidas em 2015 por problemas de pagamento, reiniciada no ano seguinte, mas sem data para término. Orçamento para original R$ 3,17 bilhões – mas também tem aumentado, atualmente em R$ 5,5 bi. O equipamento será fornecido pela Scomi, empresa da Malásia, estando previsto o recebimento dos primeiros carros em setembro de 2017. Ficarão armazenados, como os da Bombardier, aguardando a conclusão das obras.

Linha 18 – Bronze, com 15 km de extensão e 13 estações, parte da estação metroviária de Tamanduateí e chega ao centro município de São Bernardo do Campo, mas as obras ainda não tiveram início. Pelo edital, dependem do desempenho operacional da linha 17 para definir o equipamento. Está orçado em R$ 3,5 bilhões – com promessas de também aumentar.

O material rodante da Bombardier, no que pese a utilização de materiais aeronáuticos (50% mais leve do que o ferroviário) não ganharia um prêmio de *design* interno. As rodas ficam dentro do veículo, constituindo um obstáculo para livre circulação dos passageiros, principalmente dos portadores de dificuldade de mobilidade e oposta à tendência mais moderna metroviária de carros contínuos.

Apenas 5% dos passageiros têm assento, as estações estão em nível elevadíssimo, exigindo um alto custo construtivo e operacional de escadas rolantes. Pior são os 112 pneus (28 de carga e 84 guias), que fatalmente, pelo desgaste natural, acarretará custos maiores do que o verificado na fricção roda e trilho de aço. Sem contar na incorporação no quadro de pessoal (próprio ou terceirizado) de um inusitado ferroviário: o borracheiro.

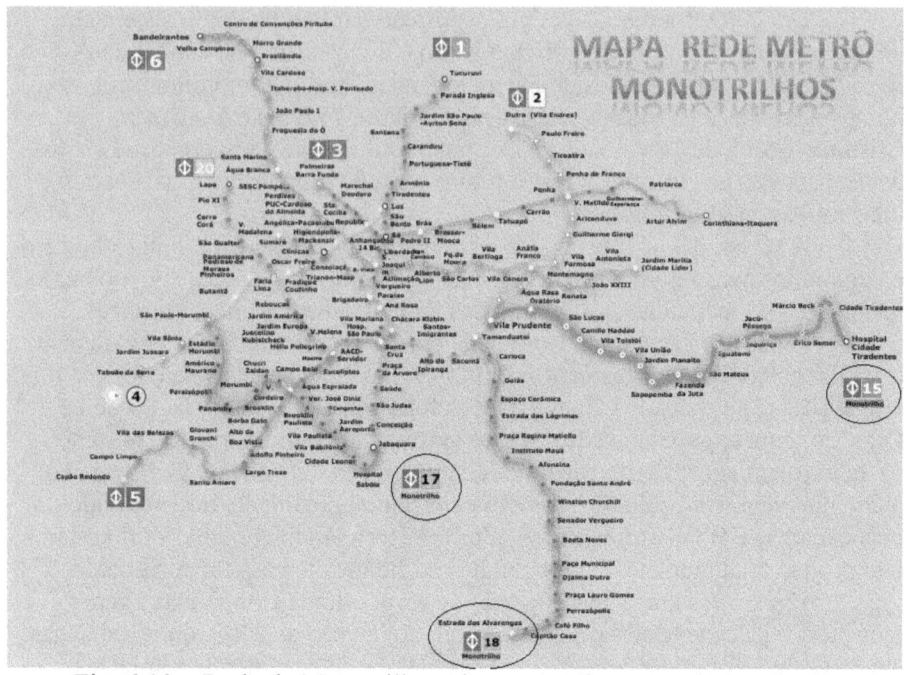

Fig. 6.10 – Rede de Monotrilho sobre pneus do Metrô de São Paulo

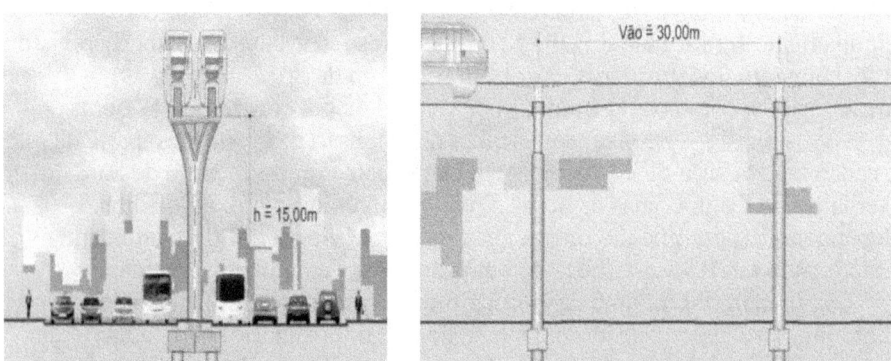

Fig. 6.11 – Linhas aérea acima da copa das árvores (19 m ~ 7 andares)

Fig. 6.12 – Abrigo dos pneus no interior do carro e 16 assentos (5%)

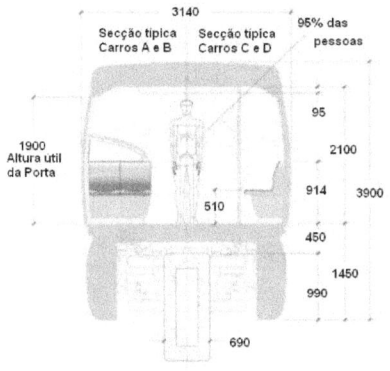 

Fig. 6.13 – Monotrilho da Linha 17 por dentro e por fora com passarela a 18 m

Um novo e importante custo metroviário está surgindo: manutenção e substituição de pneus. Segundo o fabricante Michelin, têm vida útil de 50 mil quilômetros e são calibrados com nitrogênio.

Admitindo uma distância de 20 km, operação de 18 horas e velocidade comercial de 40 km/h, o trem faria 18 ciclos ou 720 km diários, necessitando renovar os 112 pneus a cadas 69 dias, 4,7 vezes por ano. Considerando o preço de Internet entre US$ 320 e US$ 480, seria um investimento médio de U$ 210 mil para cada trem e são quase uma centena, podendo ser estimado um custo extra de U$S 20 milhões/ano, sobre os custos tradicionais metroviários, com suas rodas e trilhos de aço.

Que tal comparar com o custo de um veículo que levita sem rodas?

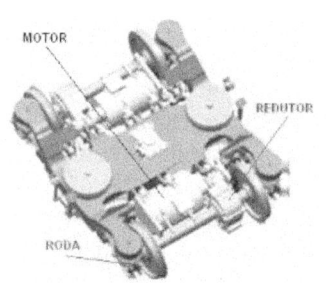 

Fig. 6.14 – Truque e Caixa principais componentes para manutenção

É para ressaltar, todavia, que o desenvolvimento tecnológico se faz com experiências práticas. Será através da experiência de operar as duas linhas de monotrilhos sobre pneus, com dois fornecedores de equipamentos distintos em São Paulo (um estado rico), que o Brasil vai constatar se o modelo é aplicável no resto do país.

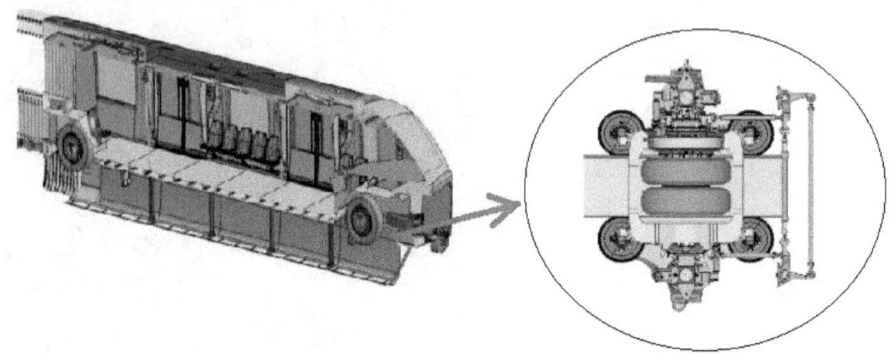

6.15 – Caixa de truque do monotrilho sobre pneus

Em relação à manutenção padrão metroferroviário, a levitação magnética se diferencia primeira no truque (inexistente), substituído por uma base de levitação que contém o motor linear e os eletroímãs responsáveis pela levitação (vertical) e posicionamento horizontal. Enquanto um truque montado metroviário pesa em torno de 10t, o conjunto de levitação pesa em torno de apenas uma. Portanto os equipamentos de movimentação serão menores e a intervenção é mínima, porque não existem peças móveis.

Por outro lado, a sofisticação técnica do maglev é muito maior, com ênfase na eletrônica e informática, exigindo uma mão de obra mais qualificada, da própria empresa e não terceirizada, como é a tendência no setor.

Pode-se esperar uma redução nos custos de suprimento e contratações com o uso da tecnologia maglev em torno de 50% em comparação com o atual sistema metroferroviário.

Por outro lado, pode-se esperar um aumento de custo expressivo em relação ao metroferroviário nas novas linhas de monotrilho sobre pneus, que poderá dificultar a concessão da linha para operadores privados, pois este custo extra deverá ser absorvido pela tarifa padrão. Dificilmente o usuário vai concordar em pagar mais caro (devido ao custo maior), para viajar a 18 m de altura e com 95% de probabilidade de ser de pé.

Publicação do dia 19 de outubro de 2017, do jornal Folha de São Paulo, baseada em estudos do próprio metrô, apontam um grande déficit operacional, na Linha 17 que deverá ser coberto com recursos públicos, para manter a tarifa compatível com as demais linhas. A própria linha 4, Amarela, de operação privada, também é deficitária para a companhia do metrô paulista, diferença que precisa ser coberta com recursos públicos. Esta situação torna difícil a privatização de operações convencionais de transporte de massa.

Como a linha 18 ainda não começou as obras, quem sabe dá tempo de trocar um monotrilho por outro? Em vez de pneus um monotrilho de levitação magnética? Pode-se argumentar, numa possível revisão contratual, que época da licitação não estava disponível um monotrilho de levitação magnética, como agora, com dois modelos diferentes fornecidos pela chinesa CRRC e também por coreanos e japoneses. Por que não usar a mais recente tecnologia?

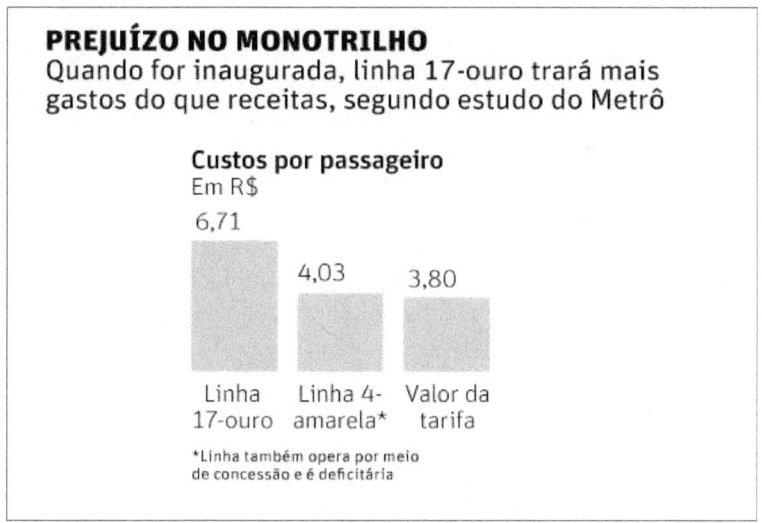

Fig. 6.16 – Prejuízo do Monotrilho L.17 [Folha SP 19/10/17]

6.6 - Impostos

Os impostos entram nos itens de custos incidentes sobre as outras rubricas. Portanto, para simplificação, podemos admitir uma redução neste item proporcional à redução nos itens anteriores.

5.7 – Conclusão

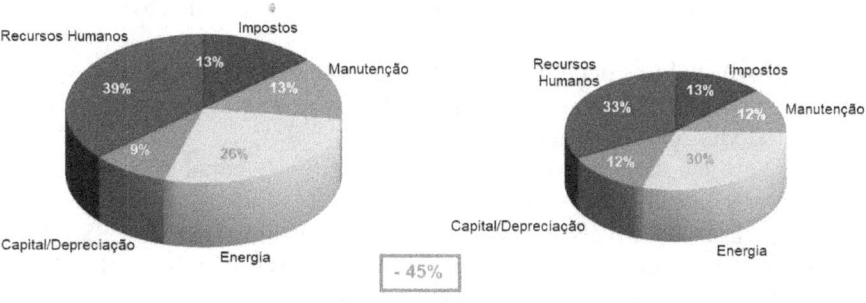

Fig. 6.17 – Redução do Custo Operacional na Levitação Eletromagnética

Capítulo 7
Avaliação Econômica Metroferroviário vs. Maglev

Este capítulo está dividido em cinco partes. Na primeira é feita uma revisão do orçamento previsto para o Metrô de Curitiba e o cronograma das obras, agora sob a visão da mudança tecnológica, passando do sistema metroferroviário comum para a levitação eletromagnética, como descrita nos capítulos anteriores. Na segunda organiza-se a demanda em função do novo cronograma. Na terceira determina-se o custo operacional e remuneração dos participantes do consórcio de implantação. Na quarta organiza-se o fluxo de caixa do projeto, desde a fase de projeto executivo, obras, implantações e ao longo de toda a vida do projeto. Finalmente, na quinta e última parte é realizada a modelagem econômica do projeto.

7.1 – Revisão do Projeto para o Maglev

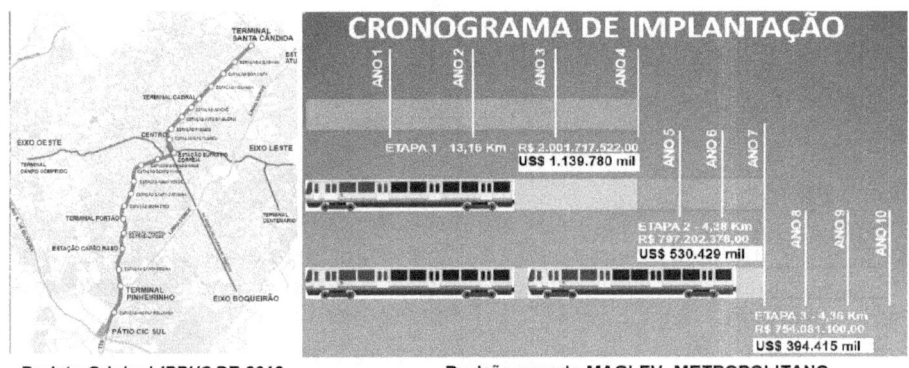

Fig. 7.1 – Redução do Custo e Prazo de Implantação do Metrô de Curitiba

Novos valores podem ser obtidos em função da simplificação e redução de custo decorrente da tecnologia de levitação magnética, como ficou demonstrado nos capítulos anteriores.

O projeto metroferroviário de Curitiba previa a conclusão de 21,9 km em 10 anos, subdividido em três etapas:

1a. Etapas: 13,16 km em quatro anos ao custo original de US$ 1,14 bilhão, que através do Maglev reduzido para três anos e US$ 710 milhões;

2a. Etapa: 4,38 km em três anos ao custo original de US$ 797 milhões, com estimativa de redução para dois anos e US$ 330 milhões e

3a. Etapa: 4,36 km em três anos ao custo de US$ 754 milhões, com estimativa de redução para dois anos e US$ 394 milhões.

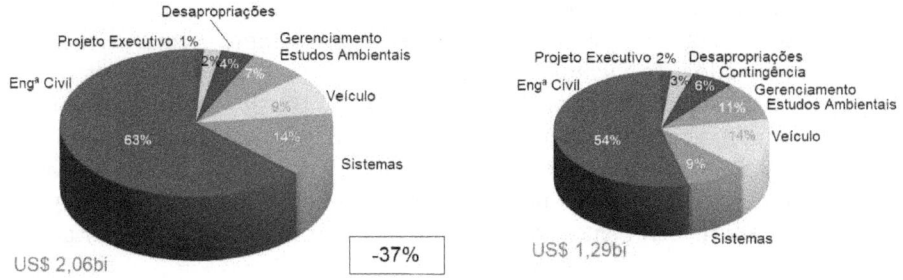

Fig. 7.2 – Nova Distribuição de Custos Construtivos com o Maglev

7.2 – Demanda de Transporte

Foram realizados estudos de demanda considerando as três etapas, que reunidas mostram saltos na quantidade de passageiros transportados diariamente em função da entrada em operação de novos trechos:

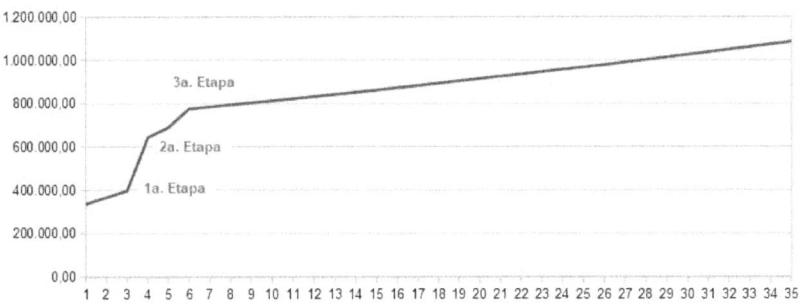

Fig. 7.3 – Demanda Diária do Metrô de Curitiba em 35 anos

7.3 – Custo Operacional e Tarifa

No capítulo anterior foi demonstrada a possibilidade de redução em 45% do custo operacional pela adoção da tecnologia de levitação magnética. Para determinação do custo total operacional, tomou-se como referência o custo energético em Watt-hora por passageiro, com três alternativas de acordo com a tecnologia adotada para o sistema de levitação:
    Tec. 1 – Maglev de mercado da CRRC (980Wh)
    Tec. 2 – Maglev mais leve com carros de material compósito (750Wh)
    Tec. 3 – Tecnologia 2 com motor linear de primário longo (420Wh).

A premissa básica é que a tarifa deve remunerar o custo operacional, que deve ser eficaz para prescindir de subsídios, que sempre saem do bolso do contribuinte ou do incremento da dívida pública.

O modelo de transporte público adotado no Brasil nos últimos anos têm sido de participação público privada, através de concessões temporárias com empresas operadoras. O poder público, proprietário do patrimônio, investe na infraestrutura de longa vida útil e as empresas concessionárias operam o dia a dia e realizam investimentos em melhorias e ativos de vida útil inferior ao prazo da concessão.

Este modelo de negócio é predominante no transporte sobre pneus e cada vez maior no transporte sobre trilhos, no pressuposto de que a iniciativa privada é mais eficaz do que a gestão pública. O resultado prático desta orientação conduz a que o assalariado brasileiro que usa o transporte público, aloca uma parcela maior de seu salário à tarifa do que o mesmo assalariado na Europa, com um nível de qualidade de serviço inferior.

Esta realidade estimula o transporte individual, porque o transporte público sobre pneus é caro e lento, quando a pesquisa do IPEA demonstrou que o usuário quer rapidez a baixo custo. Verifica-se, portanto, uma gradual queda da demanda no transporte rodoviário e consequente aumento do custo, porque cerca de metade é custo fixo (de medição sempre complexa) e no custo energético (de estimativa simples, porque se baseia na Física Clássica).

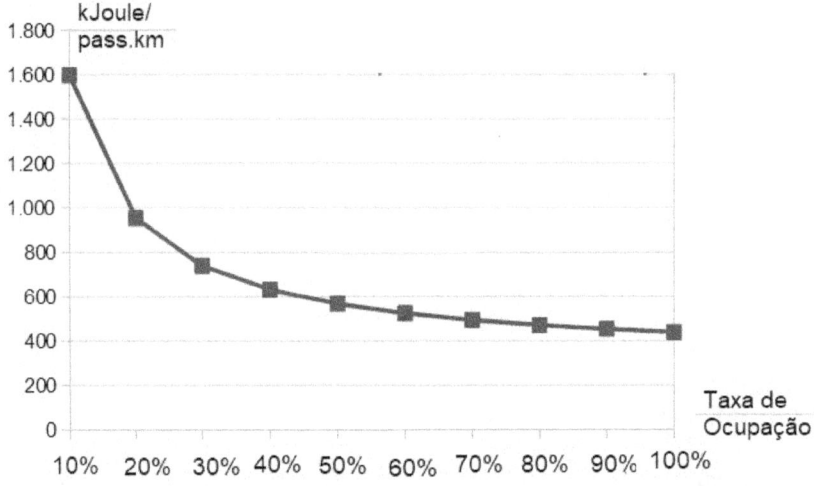

Fig. 7.4 – Aspecto da Curva de Custo Total em função da ocupação

A levitação magnética permite atacar estes dois problemas: aumentar a velocidade comercial (praticamente triplicar) e reduzir 20% no custo da tarifa do transporte público em Curitiba, atualmente em US$ 1,35; ou usar a economia de custo do Maglev para subsidiar o transporte sobre pneus – estas duas últimas decisões governamentais.

7.4 – Fluxo de Caixa

Para possibilitar uma comparação expedita das alternativas de evolução tecnologia da levitação magnética, organizou-se uma planilha considerando a vida útil do projeto em 35 anos e as demandas anuais previstas no estudo original, com as seguintes entradas:
- Investimento total com a tecnologia de levitação atual: US$ 1.295 milhões;
- Investimento com o Maglev Leve: US$ 1.331 milhões, 3% de acréscimo sobre a alternativa anterior.
- Investimento no Maglev Leve e Motor Linear de Primário Longo: US$ 1.390 milhões, 7% sobre a primeira alternativa.
- As taxas internas de retorno dessas três alternativas nos 35 anos estão em torno de 8% - que pode ser considerado um ótimo valor, pois o fluxo de caixa, desconsiderando a inflação garante 2% acima do retorno de investimento dos Fundos de Pensão, os grandes investidores em projetos de longo prazo.
- Não há investimento público algum na alternativa do Maglev para o projeto de Curitiba – inclusive as desapropriações necessárias.
- Na alternativa de toda redução tarifária de 20% ser transferida para a administração municipal do transporte público, nos 35 anos do projeto a soma seria de US$ 2,7 bilhões pagando mais de duas vezes todo o investimento no Maglev Metropolitano de Curitiba.
- Na alternativa de um desconto de 50% em relação à tarifa do ônibus para o usuário do metrô e como tem sido o "modelo" adotado no Brasil, o Governo bancar o custo da infraestrutura de longa vida útil, como toda a engenharia civil e as desapropriações, deixando para a iniciativa privada o investimento em Sistemas, Veículo, Contingências, 50% do Gerenciamento mais todo o Projeto Executivo, no final dos 35 anos ainda sobraria para o governo US$ 620 milhões.

São várias as alternativas. Para cada cidade, de acordo com suas características e disposição do governo, qualquer uma delas pode ser a escolhida, sendo a decisão fundamental: reduzir o custo do transporte público à metade para o usuário do metrô, igualando o assalariado europeu em preço e qualidade ao assalariado brasileiro ou manter uma tarifa única para todo transporte público, subsidiando o sobre pneus com os resultados positivos do maglev metropolitano. O governo decidirá.

Capítulo 8
O Exemplo da China para o Brasil

Quando o autor retornou da China viagem de visita às fábricas da CRRC em Changsha e Tangshan e dos testes com os veículos de levitação magnética na última semana de julho, além do convívio com os moradores das cidades de Changsha e da capital Pequim, ficou muito instigado e, por esta razão, neste capítulo elabora raciocínios políticos e econômicos que podem servir de exemplo para os brasileiros.

Adverte-se que a visão é despida de qualquer lente partidária, tratando-se de pura reflexão isenta de lateralidade política: esquerda ou direita. É central, como fosse possível se equilibrar em questões políticas, pois sempre há razões inconscientes que influenciam a visão do mundo. Aliás, o mundo é como o vemos; é único para cada pessoa que o vê. Mas, só para os que o vêm. Portanto, o leitor pode pular este capítulo sem prejuízo algum à abordagem técnica do livro.

8.1 – Ascensão Econômica da China

A República Popular da China tem o regime político comunista, mas é um país de economia capitalista e muito bem sucedido. É uma realidade que os jovens idealistas alemães (Karl Marx, 29 e Friedrich Engels, 27) formuladores do *Manifesto Comunista* de 1848, jamais poderiam sonhar. Aliás, nem precisa ir 140 anos tão longe, há 30 anos ninguém (ou pouquíssimos) no Brasil seria capaz de prever como estaria o PIB mundial em uma geração.

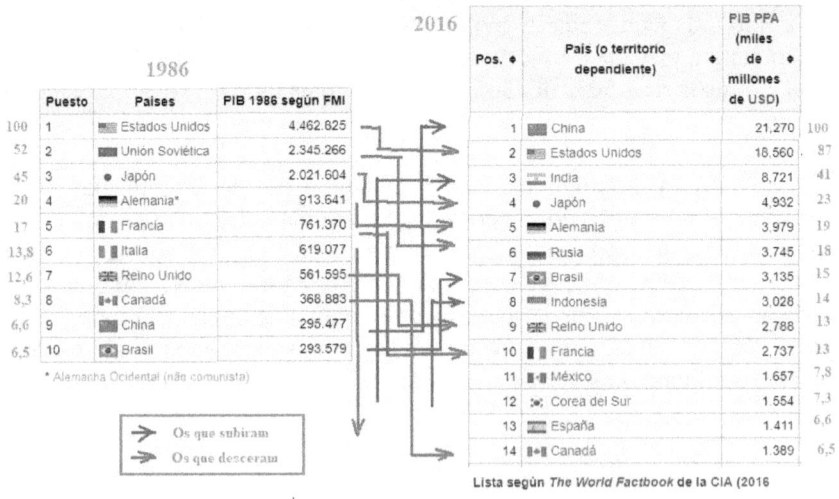

Fig. 8.1 – Reordenamento do Produto Interno Bruto 1986/2016

De acordo com o FMI, em 1986 os EUA reinavam soberanos; a União Soviética, em segundo lugar, com metade do seu PIB. China em 9º lugar com equivalente a 6,6% do PIB americano e o Brasil em 10º lugar com 6,5%.

Representante dos orientais, o Japão ocupava a 3a. posição, com PIB equivalente a 45% do primeiro colocado. A seguir os quatro grandes europeus: Alemanha (ocidental), França, Itália e Reino Unido, a seguir o Canadá.

País adiantado era aquele que seguia a cartilha da Margareth Thatcher, ex-ministra britânica (1979-1990) do Partido Conservador: desregulamentação do setor financeiro, flexibilização do mercado de trabalho e privatização das empresas estatais.

Trinta anos depois, ordenado pela Paridade de Poder Aquisitivo, a CIA (*Central Intelligence Agency*) posiciona a China em primeiro lugar. Em segundo lugar os EUA, com PIB equivalente a 87% do chinês. A Índia, sempre um exemplo de pobreza está na 3a. posição, deslocando o Japão.

A Alemanha dos países europeus foi quem menos perdeu posição, pois incorporou a parte oriental dividida pela II Guerra Mundial, num esforço de unificação do chanceler Helmult Khol, que governou o país durante 16 anos, sendo considerado também o arquiteto da União Europeia. Em contrapartida, com a queda do Muro de Berlim em 1989 que materializa a unificação alemã, a URSS se fragmentou e só sobrou a Rússia, o maior e líder da União Soviética, que saiu do 2º para a 6º lugar.

O Brasil, por incrível que pareça, de acordo com a CIA, se coloca em 7º lugar com um PIB equivalente a 15% do chinês. Melhorou bem, saiu de 10º para 7º e relativamente seu PIB ficou melhor, há 30 anos era equivalente a 6,5% do primeiro colocado. Mas não pode bobear, logo atrás vem a Indonésia, completando o time dos quatro orientais entre os 10 primeiros (China, Japão, Índia e Indonésia). Há 30 anos eram apenas dois: Japão e China.

Dois antes grandes europeus (Reino Unido e França) ficaram para trás, em 9º e 10º lugar, posições antes ocupadas pela China e Brasil. A Itália sumiu da lista dos 14 primeiros, que enumera dois *hispanofalantes* México e Espanha, com a Coreia do Sul, sempre lembrada como país de primeiro mundo, com PIB equivalente a 7,3% do chinês.

O Canadá despencou de 8º para 14º lugar, com um PIB equivalente ao primeiro colocado na nova ordenação de 6,5%, como o Brasil há 30 anos, indicando que houve uma redução da desigualdade econômica em todo mundo, com a ascensão dos, talvez erroneamente denominados, *emergentes*.

Como visitar empresas na China exige muita burocracia, apenas com uma carta convite da empresa citando o objetivo, as pessoas com quem se vai falar, endereço e outras informações, é fornecido o visto de visitante comercial. Viajar como turista, através de uma agência de viagens é relativamente fácil, mas não vale a pena correr o risco de tentar ludibriá-los. Lá a lei é muito rígida, dando uma primeira impressão de uma total asfixia popular. Por esta razão, o autor muito cedo se armou de sua teleobjetiva de 300 mm e saiu flagrando populares, mostrados nas figuras seguintes.

8.2 – Cotidiano Chinês

Fig. 8.2 – Cotidiano da manhã de 29/06/2017 em Changsha

A supervisora em uma *scooter* elétrica conversa com a turma da limpeza, que não para de trabalhar um instante sequer, alheias ao alongamento do senhor ao lado da murada do rio Xiang, enquanto o músico toca seu *erthu*, com um som melodioso como de um violino. Toca para a manhã, para rio, para os pescadores, sem chapéu ao lado pedido moedas, como é tão comum na Europa nos músicos de rua.

    As calçadas são sempre limpas e pela manhã recebem generosos jatos de água. Pedestres experimentam pedras irregulares em calçadas próprias para este inusitado exercício da sola dos pés.

    Em qualquer lugar, um aparelho de som começa a tocar e logo surgem dançarinos anônimos. Amadores se exercitando, parecendo felizes.

Fig. 8.3 – Cotidiano Noturno de Changsha

Da fresta da janela do hotel o fluxo engarrafado em sentido e livre no outro, como qualquer grande cidade onde o automóvel tem preferência, no trânsito caótico. E na China, bota caótico nisso! Até mesmo brasileiro fica assustado.

À noite os prédios vestem-se de cores e as obras se iluminam. Os dançarinos anônimos, não dão descanso, é de manhã à noite.

Na sequência seguinte, nas praças públicas aposentados jogam cartas de bermudas e até sem camisa, como em qualquer cidade do interior brasileiro, porque era pleno verão (quente e úmido), mas vai durar pouco, porque no inverno chega próximo do 0 °C.

Tem oferta de bicicleta pública para todo lado. Em todo grande ponto de ônibus e estação do metrô se encontram várias disponíveis, talvez pouco utilizadas. O que existe mesmo para todo lado, inclusive andando sobre as calçadas são as motos e *scooter* elétricas. Silenciosas e perigosas e ninguém usando capacete, transportando carga e famílias inteiras. Algumas, moto-táxi, com uma barraca por cima para fazer sombra. Segundo informações, essas motos são muito econômicas, porque a bateria se carrega à noite em casa e não precisam parar em posto de abastecimento.

A China é o país onde a mulher é mais valorizada. Durante o período de proibição para cada casal ter apenas um filho (atualmente podem ter dois sem serem sobretaxados) e com a possibilidade de fazer aborto livremente, por questões culturais preferia-se um filho homem, que herda tudo dos pais, mas é responsável por cuidar deles na velhice. Segundo a CIA (americana), atualmente a população chinesa masculina é de 715,5 milhões (53%) e a feminina de 634 milhões (47%); uma pequena diferença relativa, mas grande diferença absoluta: 8,15 milhões de homens à procura de uma mulher.

Resumindo a China em duas palavras: muita gente. Fazendo compras, se esguiando pelo trânsito, visitando parques públicos... Pareciam felizes.

Fig. 8.4 – Uns descansando outros trabalhando

Fig. 8.5 – Muita gente em todo lugar.

Convivem harmoniosamente na China as grandes empresas estatais e milhões de empresas privadas. O empregado de uma estatal tem emprego praticamente vitalício e tem um ambiente de trabalho mais tranquilo. O empreendedor privado corre risco o tempo todo, porque a concorrência é dura, mas pode se tornar muito rico em pouco tempo e sem precisar fazer uso de práticas ilegais. A lei é muito dura e a pena de morte é corriqueira. Um ex-ministro das ferrovias foi condenado, acusado de corrupção. O custo da bala na nuca que tirou sua vida foi remetido à família, para que a pagasse.

A quantidade de execuções anuais por pena de morte na China não é oficialmente divulgada, mas a Anistia Internacional estima em mais de 5 mil. Corrupção pode sujeitar o acusado em pena de morte. E isso pode ser muito bom para o caso brasileiro, onde de acordo com o Ministério Público, a corrupção é desenfreada. Contar com a boa vontade de um empregado de estatal chinês vai ser difícil, porque ele corre risco de ser executado.

8.3 – Maior Parceiro Comercial do Brasil

Fig. 8.6 – Cooperação China-Brasil vem de longe

Embora não se disponha de registro fotográfico, como no caso da implantação das ferrovias norte-americanas da costa Oeste, os trabalhadores chineses estiveram presentes no Brasil. Cinco mil deles morreram na construção da Estrada de Ferro Dom Pedro II, a *Ferrovia do Imperador*, na região de Queimados e Japeri. Foram trazidos pelo empreiteiro inglês Ed. Price, contratado para as obras do primeiro trecho de 64 km, da Corte até Belém (hoje Japeri). Segundo a lenda a origem do nome do município de Queimados, que surgiu ao lado da chamada *Estrada dos Queimados*, deve-se à incineração dos corpos dessas vítimas das febres daquela região pantanosa, cortada pela ferrovia, conhecida como *Baixada Fluminense*.

Era muito comum os chamados *coolies* formarem grupamentos ferroviários. No caso das ferrovias pioneiras no Brasil a *Lei da Garantia de Juros,* Decreto nº 641 de 26 de junho de 1852, aprovado pela Assembleia Geral Legislativa, proibia o uso de mão de obra escrava, apenas "homens livres" poderiam, oficialmente, trabalhar na construção. Teve origem na pressão dos produtores de café da Província do Rio de Janeiro, quando o Brasil respondia por 70% da produção mundial e a província por 70% da produção nacional.

Atualmente a China é o maior parceiro comercial do Brasil e dos poucos onde ela tem um elevado défict na balança comercial. Minério de ferro e grãos e outros produtos do *agronegócio* responde por mais de 80% das exportações. Com a política chinesa de transferir 400 milhões de pessoas do campo para a cidade, vai necessitar cada vez mais de proteína (vegetal e animal) e os Estados Unidos, Brasil e Argentina são seus principais provedores. No entanto, o Brasil precisa importar mais produtos chineses, ou corre risco de perder mercado. Nenhum país convive com déficit por muito tempo, todos buscam o equilíbrio.

Daí a oferta de crédito chinesa para financiar investimentos na infraestrutura; daí a motivação para que esses investimentos sejam em benefício da mobilidade urbana; logo a tecnologia de levitação magnética, que por suas características técnicas e baixo custo construtivo e operacional, é capaz de viabilizar redes metroviárias subterrâneas em cidades médias.

8.4 – Entendimentos Contemporâneos

Em setembro do ano passado o autor apresentou um artigo premiado na 23ª Semana de Tecnologia Metroferroviária, que é uma síntese deste livro, porém exemplificando a implantação da tecnologia do maglev metropolitano em 10 cidades médias brasileiras, na faixa de 300 mil a um milhão de habitantes. Depois surgiram mais duas, totalizando 12.

O mercado potencial de transporte urbano guiado de alta velocidade é muito grande. No Brasil são 90 cidades acima de 300 mil habitantes e nas Américas como um todo supera a três centenas. Porém, quebrar paradigmas é muito difícil, porque não basta argumentação lógica e matemática; diante de incertezas (e o futuro é sempre cheio de incertezas), prevalece a intuição humana. Em resumo, para que um projeto de mobilidade urbana "fique de pé", precisa se equilibrar em pelo menos três pernas:

Fig. 8.7 – Equilíbrio de um projeto de mobilidade urbana

As pernas tecnológica e econômica não apresentam dificuldades maiores de desenvolvimento, pois estão baseadas nas leis da física e na lógica econômica. Porém, a perna política, exige uma tremenda paciência. Todo dirigente e governante tem um plano de carreira estabelecido e uma novidade pode botar em risco este plano e sua equipe de assessores sabem disso, portanto criam uma cerca que barra qualquer proposta inovadora. A China, ao contrário, o governo se mostra aberto às novidades e experimentações. Um bom exemplo a ser imitado pelo governo brasileiro.

Capítulo 9
Conclusões

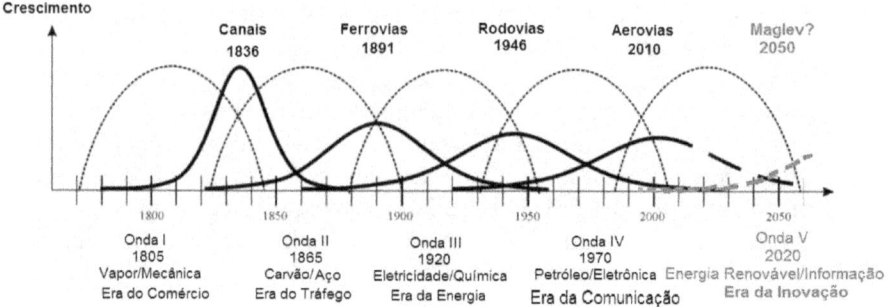

Fig. 9.1 – Ciclos de Kondratieff e o crescimento do transporte

Desde a *Revolução Industrial*, o homem vem criando infraestruturas artificiais para movimentar pessoas e bens. Inicialmente foram os canais, seguido das ferrovias, das rodovias e atualmente do transporte aéreo. Associando as ondas longas da economia, conhecida como *Ciclos de Kondratieff*, ocorre a máxima expansão de cada modalidade de transporte. Cada ciclo econômico cria sua própria *Era*. Estamos, atualmente, na Era da Inovação. Como indaga o Dr. Michael Raschbichler de Dresden [Raschbichler,2006], quem sugeriu a figura reproduzida: estamos entrando na expansão da Levitação Magnética?

O resgate de ideias originais do primeiro terço do século passado, de veículos trafegando em tubos despressurizados em velocidades supersônicas em viagens intermunicipais e até intercontinentais, como prevê o *Hyperllop* de Elon Musk nos EUA parecem indicar uma resposta positiva sobre a expansão do maglev - mas num futuro mais distante. É possível usufruir agora de uma tecnologia madura e disponível de levitação magnética, possibilitando inovar no transporte metropolitano, gerando reduções de custo comparativo ao metrô na implantação e muito menor na operação.

O Maglev Metropolitano a única forma de cidades de 300mil habitantes e inferiores a um milhão, disporem de metrô, porque sua economia local não poderia suportar os custos do sistema metroferroviário convencional, como os existentes em São Paulo, Rio de Janeiro, Brasília e Salvador.

Estarmos em uma época que permite de maneira intensa a troca de ideias entre pessoas, mas a decisão final sempre está nas mãos de políticos e empresários setoriais; os técnicos são coadjuvantes e sempre é possível encontrar um que recebe salário para defender o ponto de vista do patrão. Portanto, uma desejada isenção técnica é a única maneira de evoluir.

Mas, é natural porque a atividade de transporte motorizado é ainda muito recente na história da humanidade. A primeira ferrovia comercial foi inaugurada em setembro 1825 – tem apenas 192anos; antes todo transporte terrestre dependia da força muscular (humana e animal). Mas evoluiu rápido, 91 anos depois Alberto Santos Dumont fazia uma demonstração pública da decolagem e aterrizagem do "mais pesado do que o ar" trabalhando com a Física Clássica na adequada relação peso/potência; 63 anos depois deste primeiro voo real, Neil Armstrong pisava na lua. Ou seja, quando a tecnologia se comprova, não há como detê-la embora continue existindo, ainda hoje e a poucos quilômetros do centro de Pequim, carroças puxadas a burro.

A oferta do Maglev Metropolitano para as cidades brasileiras acima de 300 mil habitantes, deve ser vista como uma proposta técnica inovadora e até pioneira em termos mundiais, porque ainda não existe nenhum metrô (subterrâneo) de levitação magnética, todos os trens desta tecnologia em operação (de alta ou baixa velocidade), são em via elevada.

O Brasil atravessa um momento econômico e político delicado, cercado de incertezas e temores pela ênfase policialesca, também justificada. É preciso uma grande dose de humildade e saber que até os agentes capazes de gerar mudança se convencerem pode levar muito tempo. Talvez (infelizmente), só quando outros países "do primeiro mundo" resolverem adotar a tecnologia de levitação magnética para metrôs ela será finalmente "descoberta" no nosso país.

É na adoção rápida, trabalhando e errando que se aprende, gera-se novas ideias, novas patentes e se sai do papel de assistente ou coadjuvante para o papel de protagonista, como fez a China. Adotar uma tecnologia nova, quebrar paradigmas é uma decisão que requer coragem de quem assume e paciência de quem assiste ao esforço.

Uma questão importante: a proposta do Maglev Metropolitano, não retira passageiros dos ônibus, ao contrário, tem potencial de transferir usuários do transporte individual para o transporte público, devido suas vantagens inerentes de custo e rapidez. Não representa, portanto, uma ameaça aos atuais empresários que operam sob concessão as linhas urbanas, pois eles devem fazer parte do Grupo Empresarial a ser formado na PPP; afinal de contas, estão no negócio do transporte e não da fabricação de ônibus, pneus, venda de combustível etc. Manterão intactas suas frotas, porque um transporte guiado é sobretudo inflexível e precisa ser alimentado pelo flexível transporte sobre pneus. Como esta modalidade de transporte tem, na formação do custo total, a parcela de custo fixo superior a 50%, quanto mais viagens alimentadoras um ônibus fizer, maior o rateio deste custo fixo, mesmo que divida a tarifa. Fazendo parte da estrutura empresarial que vai operar o Maglev Metropolitano na cidade, este empresário receberá os benefícios na outra ponta; dividindo os resultados de um sistema de transporte integrado lucrativo, por ter custo operacional muito menor do que a operação exclusivamente sobre pneus. Porém, nem todos os empresários do setor entenderão isto – é mais comum enxergar uma nova tecnologia como uma ameça do que como uma oportunidade. Portanto, as possíveis resistências devem ser compreendidas. Diante de conceitos firmemente arraigados, os números, as figuras, as ideias e os argumentos têm pouca força; apenas quando alguns de seus concorrentes aderirem à novidade é que os conservadores correrão atrás.

Outra questão relevante é o envolvimento da CBTU, inserindo-a como o lado federal numa futura PPP. O atual modelo econômico brasileiro assume que o Estado está quebrado e só existe solução de desenvolvimento possível através de recursos da iniciativa privada. Será verdade?

As evidências demonstram em todo mundo que o capital privado prefere resultados seguros e de curto prazo, capaz de garantir uma taxa favorável de retorno financeiro, algo inexistente no setor de transporte, exceto se for uma aplicação de caráter especulativo, por exemplo, investindo no projeto e depois vendendo a participação. Como 75% dos recursos do fundo vêm da China e a CRRC é uma grande empresa estatal, a presença da estatal CBTU não ofende – ao contrário, pode ser vista de forma positiva. Em muitas cidades, que por questões econômicas e de custo local, a CBTU pode ser a proprietária em nome do Governo da infraestrutura, como é em várias capitais brasileiras (Belo Horizonte, Maceió, Recife, João Pessoa e Natal e era também no Rio de Janeiro, Salvador e Fortaleza).

Que seja dada uma oportunidade à CBTU e seus bons e subaproveitados técnicos! Que ela se torne uma empresa estatal competitiva num setor difícil, através de uma tecnologia inovadora! Das cinco cidades onde a CBTU está presente, em três delas na Região Nordeste opera de forma quase desprezível, evidenciando que no transporte público a demanda é inelástica em relação à tarifa – importante é oferecer o serviço onde é necessário, ter frequência, qualidade e rapidez.

Com o livre acesso à informação em nível global, não faz sentido esperar para replicar no Nordeste as boas soluções emanadas das regiões Sul e Sudeste. Levitação magnética é algo novo e poucos técnicos e acadêmicos brasileiros têm conhecimento e sobretudo experiência suficiente para opinarem de maneira isenta.

"Ninguém é dono da verdade", a proposta do Maglev Metropolitano conseguirá ser testada no Brasil apenas se houver uma participação dos técnicos e empresários do setor; se os gestores públicos souberem aproveitar uma oportunidade única: existência de recursos e tecnologia para investimento em infraestrutura de mobilidade associada com a falta de bons projetos setoriais, como reclama o Governo Federal.

Vamos dar-lhes bons projetos de mobilidade urbana para uma melhor qualidade de vida! Este é o desafio para o planejador que não teme a inovação tecnológica e para o político que precisa reconstruir a confiança perdida pela classe, junto aos brasileiros, como garantia de preservação da democracia.

Todo brasileiro merece uma qualidade de vida melhor e todo técnico e político tem o dever de trabalhar no sentido de alcançar esta conquista.

REFERÊNCIAS BIBLIOGRÁFICAS

ANTP, 2015 – Associação Nacional de Transportes Públicos, Sistema de Informações da Mobilidade Urbana: Relatório Geral 2013, 96pp.

IEMA, 2016 – Instituto de Energia e Meio Ambiente: "Estudo sobre Faixas Exclusivas São Paulo/SP", Maio 2017, 62pp.

IPEA, 2011 – SIPS (Sistema de Indicadores de Percepção Social), "Mobilidade Urbana", janeiro 2011, 21pp.

IPEA, 2012 – Comunicados do IPEA: "Indicadores de Mobilidade Urbana da PNDAD 2012", 24/10/2013, 17pp.

IPPUC 2014, acesso http://www.curitiba.pr.gov.br/conteudo/metro-curitibano/740, em 11/07/2017.

RASCHBICHLER, 2006 "Transrapid in the context of urban and regional Transport Planning" - Anais da Conferência MAGLEV'2006 – Dresden, Alemanha.

Eduardo Gonçalves David (1947), natural de Três Rios (RJ), é engenheiro civil formado pela Escola de Engenharia da Universidade Federal de Juiz de Fora, turma de 1973. Tem pós-graduação em Engenharia Econômica (Universidade Estácio de Sá, 1983); Mestrado em Engenharia de Transportes (Coppe/UFRJ,1996); Doutorado em Engenharia de Transportes (Coppe/UFRJ, 2003); Pós-doutorado com ênfase em levitação magnética no Leibniz-Institut für Festkörperund Werkstoffforschun (IFW, 2008, em Dresden, Alemanha); Máster em Enoturismo pela Universidade de Salamanca (USAL, 2011).

Trabalhou de 1964 a 1968 no Banco Comércio e Indústria de Minas Gerais S.A., em Três Rios e Juiz de Fora. Admitido na Rede Ferroviária Federal S.A., em março de 1974, trabalhou como engenheiro residente de manutenção de via permanente em Mogi das Cruzes (SP), inspetor de Pátios e Terminais no Rio de Janeiro (1976); Chefe de Unidade de Planejamento de Transportes, na Superintendência de Juiz de Fora (1977); Chefe de Departamento de Estudos Comerciais na Regional Juiz de Fora (1980); Consultor Interno pela RFFSA junto ao Geipot (1983); Consultor Interno para o Projeto de Modernização da SR3, em Juiz de Fora "Projetão" (1984); Superintendente Adjunto de Planejamento da SR3 em Juiz de Fora (1985); Superintendente de Administração da SR3 (1986); Chefe de Departamento de Desenvolvimento de Pessoal na Administração Geral AG (1987); Gerente de Projeto junto ao Banco Mundial BIRD (1988); Superintendente de Planejamento na AG (1989) e Superintende de Informática (1992).

Trabalhou como empresário do ramo de manutenção de vagões e consultoria, além de pesquisador na Coppe/UFRJ e professor de logística na Marinha do Brasil (IFW), pela UERJ (2005-2009).

É autor de cerca de 40 pedidos de patentes no Instituto Nacional de Propriedade Industrial, ligada a temas de transporte.

Há cerca de 10 anos vive na Europa; reside atualmente em Buxtehude (30 km de Hamburgo), Alemanha e Salamanca, Espanha, com períodos no Brasil, em Três Rios. Atua como consultor internacional de logística e mobilidade urbana.

OUTROS LIVROS DO AUTOR
DISPONÍVEIS NA *amazon.com*

Entre no *site* e digite o título do livro que deseja e você receberá em casa no prazo que definir pagando com seu cartão de crédito

A Mula do Ouro é uma nova maneira de recontar a história da implantação das ferrovias e rodovias no trecho fluminense do Vale do Rio Paraíba do Sul. A rotina das fazendas de café do Vale do Paraíba era sempre a mesma, principalmente para os escravos, tropeiros, comissários e a elite rural. Porém, grandes transformações acontecem quando o jovem Imperador D. Pedro II assume o poder aos 16 anos. Este romance histórico foi construído em torno de uma lenda regional, sobre a existência no fundo do rio Paraibuna de esqueletos de mulas carregadas de ouro. Os contrabandistas de ouro e pedras preciosas provenientes de Minas Gerais ao evitarem o posto fiscal em Monte Serrat, onde existia a única ponte entre as províncias de Minas Gerais e Rio de Janeiro no Caminho Novo, forçavam seus animais sobre as pedras. Algumas mulas escorregavam e se afogavam rio abaixo, carregadas de ouro. O escravo Tuca, cria de casa do Barão do Rio Novo, encontra um destes tesouros. No momento em que na região de Petrópolis, Juiz de Fora e Vassouras, ferrovias e rodovias disputam o transporte do café. Paixões e dramas no período mais glorioso da única monarquia das américas, sobre o olhar estrangeiro de um mestre canteiro espanhol diante das mudanças econômicas e sociais no Brasil durante o Segundo Reinado.

Um romance histórico entrelaça personagens fictícios com pessoas reais, visando dar veracidade à história, pois muitas vezes a aleatoriedade da vida torna os acontecimentos reais mais fantásticos do que qualquer ficção. Serve também como "algodão entre cristais" reduzindo a aridez detalhista e controversa de historiadores profissionais, pois é mais importante ter a história fresca na cabeça das pessoas do que em estantes empoeiradas – ainda que se tenha de fazer uso de alegorias para uma narrativa agradável. Foram dois os motivadores que me animaram a reescrever o livro. Primeiro uma carta recebida no princípio de 2015 de pesquisadores chineses interessados no trabalho de seus conterrâneos em meados do século XIX nas ferrovias brasileiras. É uma referência rara na EFDPII, citada pelo historiador ferroviário Ademar Benévolo no livro Introdução à História Ferroviária do Brasil, de 1953. Prometi detalhar o fato e surgiu o médico Nuno Huang. O segundo motivador foi o livro Pioneiros dos Três Rios, de 2012, da conterrânea Cinara Maria Bastos Jorge, que detalhou toda família da Condessa do Rio Novo, descobrindo fatos intrigantes.

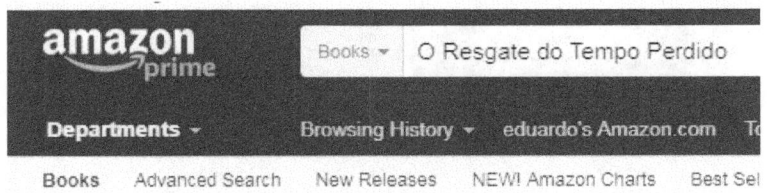

Este livro é a terceira parte de uma trilogia que começa com o livro A Mula do Ouro, publicado originalmente em 2009 e republicado com acréscimos em 2015. O livro anterior cobria o período de 1835 até 1891, com os personagens vivendo o período do Segundo Reinado, até início do período Republicano, portando de 56 anos. Este cobre o período do pós-guerra, de grande desenvolvimento econômico no Brasil, passando pelos 20 anos de regime militar e a redemocratização. O personagem principal nasce em 1945, exatamente no momento da assinatura da rendição do Terceiro *Reich* e seu último capítulo data de 2015, portanto 70 anos. O primeiro livro foi relatado na terceira pessoa; uma maneira convencional de escrever um romance histórico. Este, ao contrário, é um monólogo, onde o personagem principal se dirige pessoalmente ao leitor; uma maneira pouco convencional. Sua leitura vai exigir certa calma com a mudança de humor, falhas de memória e opiniões decisivas do personagem. O leitor vai ouvir suas confissões e conhecer seus sentimentos mais íntimos, apesar da sua antiga profissão ter exigido dele uma permanente invisibilidade e discrição.

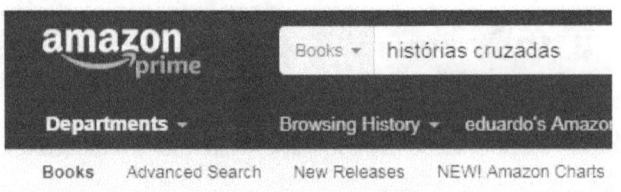

A ideia central deste livro tem mais de trinta anos, nos primórdios da microinformática, em meados dos anos 80, quando não havia Internet. Trabalhando com a linguagem Basic eu acreditava que seria possível fazer um livro para ser lido através de um computador, capaz de se adaptar ao gosto e interesse do leitor – criando um produto customizado. Deveria incluir música, diálogos filosóficos, imagens e várias visões de uma realidade temporal, para que cada leitor criasse a sua própria. Eu, como escritor e minha esposa Maria Goreth (Gô), faríamos parte do livro como um simples coadjuvantes, detalhando o dia a dia de um engenheiro ferroviário e ela de uma estudante do curso de filosofia e mãe de três meninos. Me inspirei na figura do cineasta e diretor Alfred Hitchcock que aparecia em seus filmes desta maneira, registrando sua figura para gerações futuras. A falta de tempo para dedicar ao, na época, audacioso projeto literário obrigou-me a esta longa hibernação de três décadas. Há uns quatro anos, podendo me concentrar mais na literatura, retomei a ideia original e venho experimentado várias técnicas, concluindo pelo uso da linguagem PHP e o banco de dados MySQL, que são sistemas abertos, capazes de manipular com facilidade páginas em HTML. Reduzi a ambição original de completa customização e conclui uma versão inicial mais simples, este Hey Anos 80!, que é o título de uma música de 1979 de Raul Seixas. Consegui finalizar uma primeira versão de oito histórias cruzada no último dia de fevereiro de 2014, quando se completou 30 anos do comício do movimento Diretas Já, em Juiz de Fora. Um ano e meio depois completei o livro, incluindo mais dois personagens fortes, totalizando uma dezena. Os únicos totalmente reais estão no relato do Escritor, que realmente revela traços biográficos. Os demais são formados por uma mistura de pessoas que fui conhecendo ao longo dos anos e outros completamente imaginados, como é o caso do Aprendiz e outra desenvolvida em conjunto com a Gô, que é o caso da Margot.

Este livro é dividido em duas partes. Na primeira o leitor vai encontrar 17 poesias cujo tema é o Amor; oito que tratam de aspectos do Cotidiano da vida; nove com tema relacionado à Água; mais oito cuja inspiração foi temas Filosóficos; outras 8 com temas relacionados a Profissão e, finalmente, onze poemas falando sobre poemas – o ponto de vista do poeta diante da realidade que quer registrar. Todas 52 publicadas são de autoria de Eduardo David. A segunda parte do livro é composta por seis lendas reescritas (se bem que uma delas foi inventada agora). A maioria são lendas clássicas, como a Lenda da sereia Loreley, do folclore alemão; Penélope e a cama de Ulisses, que enfoca um detalhe fundamental no mito clássico grego; Lenda de Helena, a bela uma nova visão sobre a Helena de Tróia, mas resumidas e com uma linguagem atual; o Mito de Eros e Psiquê, uma maneira de contar a origem do amor, também de inspiração grega e a Lenda do Fio Vermelho, de origem oriental que fala da linha do destino. A última, a Lenda da Lenda foi uma criação da autora, Goreth Kling, esposa de Eduardo.

Este livro é, de certa forma, uma continuação do livro A FERROVIA E SUA HISTÓRIA A Estrada de Ferro Central do Brasil, de 1998, quando se comemorava o 140º aniversário de fundação da Estrada de Fero dom Pedro II (EFDPII), mais tarde, Estada de Ferro Central do Brasil (EFCB). Neste volume contamos a história da MRS Logística, até o ano de 2014, com as estatísticas devidamente fechadas. É uma história muito interessante, com muita ação pessoal além dos frios números. Aliás, permita-me corrigir, quentes números, pois a MRS conseguiu quadruplicar em 17 anos o transporte realizado no último ano sob a adminsitração da RFFSA, em 1996. Nenhuma outra ferrovia privatizada na mesma época conseguiu igual feito. Neste livro o leitor terá, inicialmente, um retrospecto dos 140 anos de história de uma ferrovia de sucesso, desde a EFDPII, EFCB até a nomenclatura de siglas como 6ª Divisão, depois SP 3.1, mais tarde SR 3, que foi a desginação por siglas do período sob administração a Rede Ferroviária Federal S. A. (RFFSA). Trabalhei neste texto rapidamente em Barcelona, com o objetivo principal de dar subsídios históricos aos participantes do grupo no Facebook Amigos do Trem, composto por muitos jovens e entuaisastas e saudosos de um período de apogeu da ferrovia, que efetivamente não viveram, demonstrando que o trem encerra mistérios interessantes, capazes de seduzir gerações ao longo do tempo.

The Lost Mule's Gold is a new way to retell the story of the implantation of railways and roads in the Rio's stretch of the Paraíba do Sul Valley, with US technicians and Chinese workers. The routine of the Paraiba Valley coffee plantations was always the same, especially for slaves, drovers and the rural elite. However, major changes happen when the young D. Pedro II assumes power at his 16 years old in the Empire of Brazil. This historical novel is built around a regional legend, about the existence in the bottom of the river Paraibuna skeletons of mules laden with gold. The gold and precious stones smugglers from Minas Gerais forced their animals on the rocks and some mules slipped and drowned downstream, laden with gold. The slave Tuca, from the farm of the Baron of Rio Novo, finds one of these lost treasures. At the time, railroads and highways fight for the transportation of coffee with the mules troops. Passions and dramas in the most glorious period of the only monarchy in the Americas, on the foreigner look of a Spaniard site's master and a Chinese doctor in the face of economic and social changes in Brazil during the Second Empire.

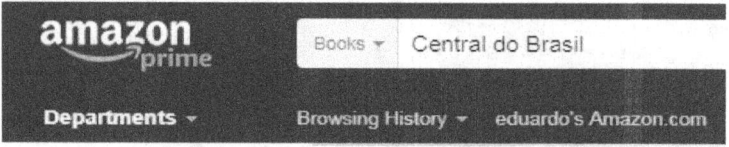

www.ingramcontent.com/pod-product-compliance
Lightning Source LLC
Chambersburg PA
CBHW070309230526
45470CB00002B/791